高等职业教育新形态系列教材

产品三维造型设计与制造

主 编 陈 超 向寓华

北京理工大学出版社
BEIJING INSTITUTE OF TECHNOLOGY PRESS

版权专有　侵权必究

图书在版编目（CIP）数据

产品三维造型设计与制造 / 陈超，向寓华主编. -- 北京：北京理工大学出版社，2024.4（2024.8重印）．
ISBN 978-7-5763-4140-9

Ⅰ．TB472-39

中国国家版本馆 CIP 数据核字第 20246N53T3 号

责任编辑：赵　岩　　　**文案编辑**：多海鹏
责任校对：周瑞红　　　**责任印制**：李志强

出版发行 ／ 北京理工大学出版社有限责任公司
社　　址 ／ 北京市丰台区四合庄路6号
邮　　编 ／ 100070
电　　话 ／（010）68914026（教材售后服务热线）
　　　　　　（010）68944437（课件资源服务热线）
网　　址 ／ http：// www.bitpress.com.cn

版 印 次 ／ 2024年8月第1版第2次印刷
印　　刷 ／ 三河市天利华印刷装订有限公司
开　　本 ／ 787 mm×1092 mm　1/16
印　　张 ／ 18
字　　数 ／ 526千字
定　　价 ／ 49.80元

图书出现印装质量问题，请拨打售后服务热线，负责调换

前　言

为贯彻落实党的二十大精神，加快推进制造强国、质量强国战略实施，为我国先进制造业培养具有大国工匠精神、爱岗敬业的高素质技术技能人才，本教材坚持立德树人的培养宗旨，强调学生在学习与工作过程中职业道德、职业精神与工程伦理潜移默化的形成，突出学习反思在知识学习、能力养成与素质提升方面的总结与反馈作用。本教材采用工作手册式形态编写，在任务设计中遵循工作过程的完整性原则，在实际产品设计与加工中，能够起到系统指导、方便查询的作用。

UG 是一个集成化的三维 CAD/CAM/CAE 系统软件，其内容涵盖了产品从概念设计、工业造型设计、三维模型设计、分析计算、动态模拟与仿真、工程图输出，到生产加工成产品的全过程，广泛应用于机械、汽车、航空、航天、造船、数控（NC）加工和医疗器械等领域。本书以 UG NX 12.0 为平台，以项目为依托，按工作任务划分，注重能力训练，采用"项目导向""任务驱动"方式进行编写，遵循"易懂、够用、实用"的原则，定位准确、理论适中、内容翔实、实例丰富，突出高等职业教育的特点，工程实例由易到难、由浅入深、循序渐进，有利于提高学生的学习兴趣，满足学生专业能力的培养，符合工程实践需要。

本书主要由七个项目十四个任务组成，包括项目一　转柄及卡板草图的绘制，项目二　阶梯轴及箱体零件三维模型的创建，项目三　吊钩及轮毂零件外观曲面的创建，项目四　千斤顶组件装配图及冲裁模爆炸图的创建，项目五　端盖和轮子组件工程图的创建，项目六　角板及垫板模型的加工编程，项目七　塑料瓶模具和电极的加工编程。每个项目采用真实的对话框、按钮和图标等进行讲解，使学习者能够直观、准确地操作软件，从而提高学习效率。

本书由湖南化工职业技术学院陈超教授、向寓华教授担任主编，湖南工业职业技术学院李强教授担任主审。湖南化工职业技术学院谭倩、张冠勇、李培、彭湘蓉、董明亮参与编写，株洲中车天力锻业公司高级工程师龙威、中联重科股份有限公司高级工程师何伟负责落实企业标准、设计相应的职业场景。陈超负责统稿。全国石油和化工职业教育教学指导委员会化工装备技术类专委会对本书编写提供了指导，一并表示感谢。

本书可作为高等院校、高职院校相关专业教学用书及社会相关培训班学员的教材，也可作为机械产品设计与制造类爱好者的自学用书。

本书配套丰富的数字化资源，扫描书中的二维码即可观看，为读者线上自主学习提供了便利条件。

由于编者水平有限，书中难免存在不妥之处，敬请各位读者批评指正。

编　者

目　录

项目一　转柄及卡板草图的绘制 ·· 1
　　任务一　转柄草图的绘制 ··· 1
　　任务二　卡板草图的绘制 ·· 20

项目二　阶梯轴及箱体零件三维模型的创建 ··· 31
　　任务一　阶梯轴零件三维模型的创建 ··· 31
　　任务二　箱体零件三维模型的创建 ·· 69

项目三　吊钩及轮毂零件外观曲面的创建 ·· 87
　　任务一　吊钩外观曲面的创建 ··· 87
　　任务二　轮毂外观曲面的创建 ··· 122

项目四　千斤顶组件装配图及冲裁模爆炸图的创建 ································ 141
　　任务一　千斤顶组件装配图的创建 ·· 141
　　任务二　冲裁模装配图及爆炸图的创建 ··· 155

项目五　端盖和轮子组件工程图的创建 ··· 178
　　任务一　端盖工程图的创建 ··· 178
　　任务二　轮子组件工程图的创建 ·· 199

项目六　角板及垫板模型的加工编程 ··· 216
　　任务一　角板模型的加工编程 ··· 216
　　任务二　垫板模型的加工编程 ··· 242

项目七　塑料瓶模具和电极的加工编程 ··· 261
　　任务一　塑料瓶模具的加工编程 ·· 261
　　任务二　电极的加工编程 ·· 277

参考文献 ·· 280

项目一 转柄及卡板草图的绘制

任务一 转柄草图的绘制

学习目标

【技能目标】
1. 能正确使用 UG NX 12.0 常用工具。
2. 会利用 UG NX 12.0 软件绘制模具零件二维草图。

【知识目标】
1. 了解 UG NX 12.0 操作界面。
2. 掌握 UG NX 12.0 常用工具的操作。
3. 掌握草图的绘制方法。

【态度目标】
1. 培养团结协作的精神和集体观念。
2. 培养责任意识，养成工匠精神。

工作任务

草图是实体模型相关的二维图形，一般作为三维实体模型的基础，在三维空间中的任何一个平面内绘制草图曲线，并添加几何约束和尺寸约束，即可完成草图创建。建立的草图可以用于拉伸和旋转操作，或在自由曲面建模作为扫掠对象和通过曲线创建曲面的截面对象。草图的绘制是实体建模和曲面造型的基础，在学习中应掌握这些基本操作并注意在实际使用中的灵活应用，为进一步使用 UG 打下良好的基础。完成如图 1-1-1 所示转柄草图的绘制。

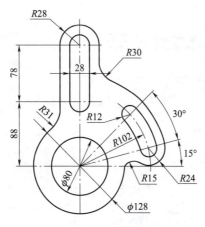

图 1-1-1 转柄草图

任务实施

转柄草图的绘制

步骤 1. 建立新文件

启动 UG，选择菜单栏"文件"→"新建"命令，打开"新建"对话框 ，在对话框的"名称"文本框中输入"转柄"，并指定要保存到的文件夹，如图 1-1-2 所示，单击"确定"按钮。

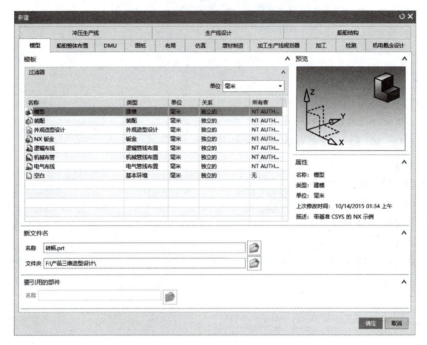

图 1-1-2 "新建"对话框

步骤 2. 指定草图平面

选择"菜单"→"插入"→"在任务环境中绘制草图"命令 ，进入草图环境，弹出"创建草图"对话框，如图 1-1-3 所示，单击"确定"按钮，选择默认的草图平面和草图方向，此时草图平面如图 1-1-4 所示。

图 1-1-3 创建草图

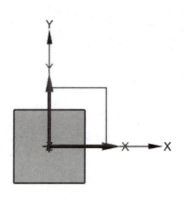

图 1-1-4 草图平面

步骤 3. 绘制圆

单击"曲线"工具栏中的"圆"按钮 ○，弹出如图 1-1-5 所示的"圆"对话框，选择圆心和直径定圆方法，分别以（0，0）为圆心、80 和 128 为直径作圆，以（0，88）为圆心、28 为直径作圆，以（0，166）为圆心、28 和 56 为直径作圆，如图 1-1-6 所示。

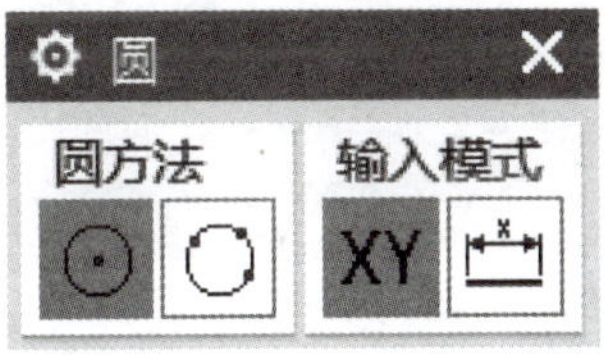

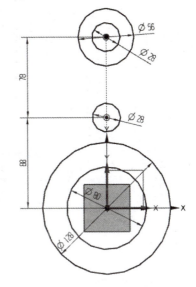

图 1-1-5 "圆"对话框

图 1-1-6 创建四个圆

步骤 4. 绘制直线

单击"曲线"工具栏中的"直线"按钮 ╱，弹出如图 1-1-7 所示"直线"对话框，绘制直径 24 和 56 的四根相切直线，结果如图 1-1-8 所示。

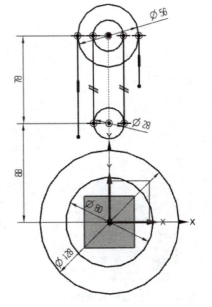

图 1-1-7 "直线"对话框

图 1-1-8 绘制相切直线

再绘制 2 条辅助直线,第一条直线的第一点坐标为 (0, 0),长度 150,角度 15°;第二条直线的第一点坐标为 (0, 0),长度 150,角度 45°,如图 1-1-9 所示。

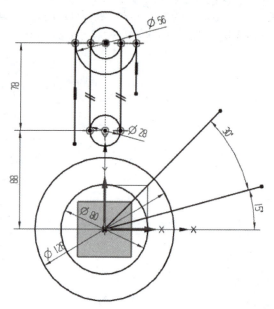

图 1-1-9　绘制辅助直线

步骤 5. 绘制圆弧

单击"圆弧"按钮，弹出如图 1-1-10 所示"圆弧"对话框,选择"中心和端点定圆弧"按钮，以 (0, 0) 为圆心、102 为半径绘制圆弧,将圆弧转化为参考线,如图 1-1-11 所示。

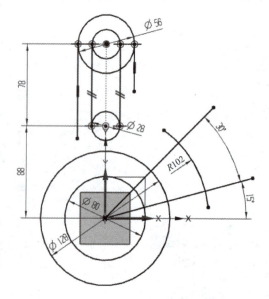

图 1-1-10　"圆弧"对话框　　　　图 1-1-11　绘制圆弧

步骤 6. 设置参考线

单击"约束"组中的"转换至/自参考"按钮 ，弹出如图 1-1-12 所示"转换至/自参考对象"对话框，单击要转换的对象，单击"确定"按钮，将 2 条直线和圆弧转换为参考线，如图 1-1-13 所示，完成参考线的创建。

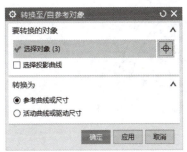

图 1-1-12　"转换至/自参考对象"对话框　　图 1-1-13　将直线和圆弧转换为参考线

步骤 7. 绘制圆

单击"曲线"工具栏中的"圆"按钮 ○，分别以直线与圆弧的两个交点为圆心、24 和 48 为直径作圆，如图 1-1-14 所示。

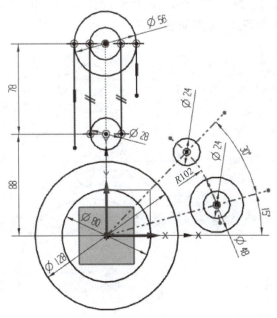

图 1-1-14　绘制 3 个圆

步骤 8. 绘制圆弧

单击"圆弧"按钮，选择"中心和端点定圆弧"按钮，以（0，0）为圆心、直线与圆弧的两个交点为半径绘制圆弧，如图 1-1-15 所示。

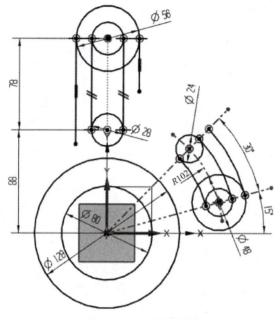

图 1-1-15　绘制圆弧

步骤 9. 倒圆角

单击"角焊"按钮，弹出如图 1-1-16 所示"圆角"对话框，作半径分别为 15、30、31 的圆角，单击要作圆角的两条边，效果如图 1-1-17 所示。

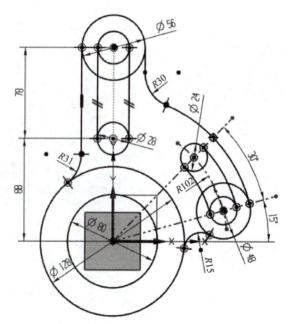

图 1-1-16　"圆角"对话框　　　　图 1-1-17　创建圆角效果

步骤 10. 修剪曲线

单击"快速修剪"按钮 ，弹出如图 1-1-18 所示"快速修剪"对话框，单击要修剪的曲线，单击"关闭"按钮，得到如图 1-1-19 所示的图形。单击"完成草图"按钮 ，完成草图绘制。

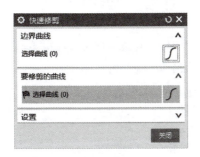

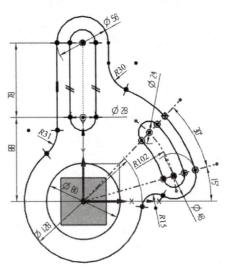

图 1-1-18　"快速修剪"对话框　　　　图 1-1-19　修剪后图形

步骤 11. 隐藏不需要显示的曲线

选择"编辑"→"显示和隐藏"→"显示和隐藏"命令，弹出如图 1-1-20 所示"显示和隐藏"对话框，单击"坐标系"后面"-"按钮，隐藏基准轴，效果如图 1-1-21 所示。

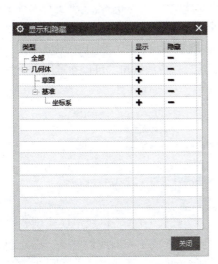

图 1-1-20　"显示和隐藏"对话框　　　　图 1-1-21　草图形状效果

步骤 12. 保存文件

选择菜单栏"文件"→"保存"命令，保存所绘草图。

相关知识

一、草图概述

草图是与实体模型相关联的二维图形,一般作为三维实体模型的基础。草图带有随意性,用户可以根据设计意图,大概勾画出二维图形,接着利用草图的尺寸约束和几何约束功能精确地确定草图对象的形状和相互位置关系。创建的草图可用实体造型工具进行拉伸、旋转等操作,生成与草图相关的实体模型。修改草图时,关联的实体模型也会自动更新。

二、草图平面

草图平面即绘制草图对象的平面,在一个草图中建立的所有草图对象都在该草图平面上。草图平面可以是坐标平面、已有基准面、实体表面或者片体面。

单击菜单栏中"插入"→"草图"按钮或者"在任务环境中草图"按钮,弹出如图 1-1-22 所示的"创建草图"对话框,在该对话框中可以设置工作平面。如果"平面方法"选择"自动判断"选项,则可以在绘图工作区中选择 XC-YC、ZC-XC 或 ZC-YC 平面作为工作平面,即可以选择一个已经存在实体的某一平面作为草图的工作平面;如果选择"新平面",则系统提供平面构造器来创建工作平面。选择或创建平面后,单击"确定"按钮,就会进入草图模式。在一个草图中创建的所有草图几何对象都是在该草图上完成的。

图 1-1-22 "创建草图"对话框

三、草图曲线绘制

按草图构建的先后顺序,系统依次给草图取名为 SKETCH_000、SKETCH_001 等,名称显示在"草图名"文本框中,打开下拉列表,通过选取草图名称可以激活该草图。绘制完成后,单击"完成草图"按钮,可以退出草图环境回到基本建模环境。在草图任务环境中,有一系列草图工具供使用。利用如图 1-1-23 所示的"草图工具"栏中的按钮,可以在草图中直接绘制草图曲线。

图 1-1-23 "草图工具"栏

轮廓

1. 轮廓

在"曲线"工具栏中选择"轮廓"按钮,将以线串模式创建一系列的直线与圆弧的连接几何,即上一曲线的终点变成下一曲线的起点,当绘制完一曲线后,默认的下一命令是"直线",若要绘制圆弧,则每次绘制圆弧时都要单击一次"圆弧"按钮,否则系统将自动激活绘制直线。单击"草图工具"栏中的"轮廓"按钮,系统弹出"轮廓"对话框,如图 1-1-24 所示。

(1) 对象类型:绘制对象的类型。

直线:指绘制连续轮廓直线。在绘制直线时,若选择坐标模式,则每一条线段起点和终点都以坐标显示；若选择参数模式，则可以直接输入线段的长度和角度来绘制轮廓。

⌒ 圆弧：指绘制连续轮廓圆弧。

（2）输入模式：参数的输入模式。

XY 坐标模式：以 x、y 坐标的方式来确定点的位置。

⊡ 参数模式：以参数模式确定轮廓线的位置及距离。

如果要中断线串模式，则按鼠标中键或单击"轮廓"按钮，在文本框中输入数值，按"Tab"键可以在不同文本框中切换编辑。例如图 1-1-25 所示，选择的对象类型为直线，输入模式为参数模式，在文本框中输入参数后按"Enter"键确认，则数值变为黑体，所有参数输入完毕后单击鼠标左键，完成创建。

图 1-1-24 "轮廓"对话框

图 1-1-25 创建直线

2. 直线

以约束推断的方式创建直线，每次都需指定两个点，其对话框如 1-1-26 所示。可以在"XC""YC"文本框中输入坐标值或应用"自动捕捉"命令来定义起点，确定起点后，将激活直线的参数模式，此时可以通过在"长度""角度"文本框中输入值或应用"自动捕捉"命令来定义直线的终点。其使用方法与"轮廓"工具栏相似，不同之处在于使用"直线"工具每次只能创建一条直线。

3. 圆弧

通过 3 点或通过指定其中心和端点创建圆弧。

单击"圆弧"按钮 ⌒，弹出"圆弧"对话框，如图 1-1-27 所示。

圆弧方法：创建圆弧的方式。

⌒ 通过三点创建的圆弧：用 3 个点来创建圆弧，如图 1-1-28 所示。

⌒ 通过圆心和半径创建圆弧：以圆心和半径的方式创建圆弧，如图 1-1-29 所示。

图 1-1-26 "直线"对话框　　图 1-1-27 "圆弧"对话框

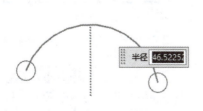

图 1-1-28 三点画圆弧　　图 1-1-29 通过圆心和半径画圆弧

4. 圆

通过指定其圆心和半径或指定 3 点来创建圆。单击"圆"按钮 ○，弹出"圆"对话框，如图 1-1-30 所示。

以中心和直径创建圆：指定中心点后，在"直径"文本框中输入圆的直径，按"Enter"键完成圆的创建，如图 1-1-31（a）所示。

通过三点创建圆：以三点的方式创建圆，图 1-1-31（b）所示为三点画圆。

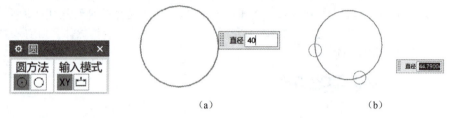

图 1-1-30 "圆"对话框　　　　　图 1-1-31 圆的创建

5. 角焊

角焊

在两或三条曲线之间创建圆角。

单击"角焊"按钮 ⌐，弹出"圆角"对话框，如图 1-1-32 所示。在对话框中输入半径，单击需要创建圆角的边即可。

图 1-1-32 "圆角"对话框

圆角方法：创建圆角的方式。

　修剪：对两条边创建圆角后修剪掉多余的角，如图 1-1-33 所示。

　取消修剪：对两条边创建圆角后保留多余的角，如图 1-1-34 所示。

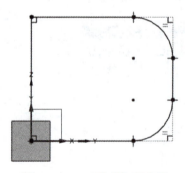　　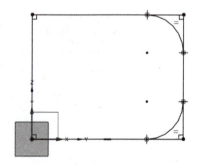

图 1-1-33 "修剪"示意图　　　　图 1-1-34 "取消修剪"示意图

6. 矩形

在"草图曲线"工具栏上单击"矩形"按钮 ▭，弹出"矩形"对话框，如图 1-1-35 所示。创建矩形的方式有以下 3 种。

图 1-1-35 "矩形"对话框

(1) ⬚ 2点：以矩形对角线上的两点创建矩形，如图1-1-36（a）所示。

(2) ⬚ 3点：用3点来定义矩形的形状和大小，第一点为起始点，第二点确定矩形的宽度和角度，第三点确定矩形的高度，如图1-1-36（b）所示。

(3) ⬚ 从中心：此方式也是用3点来创建矩形，第一点为矩形的中心；第二点确定矩形的宽度和角度，它和第一点的距离为所创建的矩形宽度的一半；第三点确定矩形高度，它与第二点的距离约等于矩形高度的一半，如图1-1-36（c）所示。

矩形

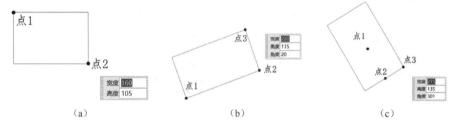

图1-1-36　矩形的三种创建方式
（a）用两点；（b）按三点；（c）从中心

7. 派生直线

利用"派生直线"命令，可以选取一条直线作为参考直线来生成新的直线。单击"草图工具"工具栏中的"派生直线"按钮 ⬚，选取所需偏置的直线，然后在文本框中输入偏置值即可；当选择两条直线作为参考直线时，通过输入长度数值，可以在两条平行直线中间绘制一条与两条直线平行的直线，或绘制两条不平行直线所成角度的平分线。

8. 艺术样条

单击"草图曲线"工具栏中的"艺术样条"按钮 ⬚，弹出"艺术样条"对话框，如图1-1-37所示。创建艺术样条的方式有以下两种。

图1-1-37　"艺术样条"对话框

（1）～ 通过点：创建的样条完全通过点，定义点可以捕捉存在点，也可用鼠标直接定义点，如图1-1-38（a）所示。

（2）～ 根据极点：用极点来控制样条的创建，极点数应比设定的阶次至少大1，否则将会导致创建失败，如图1-1-38（b）所示。

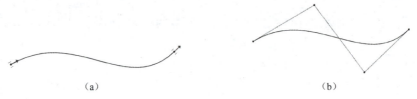

图1-1-38 创建"艺术样条"两种方式
(a)"通过点"方式；(b)"根据极点"方式

快速修剪延伸

9. 几种方便快捷的草图画法

（1）快速修剪 ：快速修剪曲线到自动判断的边界。

任意画线，只要与多余线段相交，则会快速修剪曲线到自动判断的边界，如图1-1-39所示。

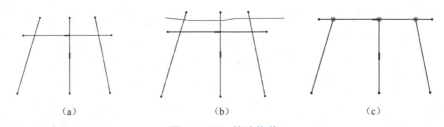

图1-1-39 快速修剪
(a) 原始曲线；(b) 任意画线；(c) 修剪后结果

（2）快速延伸 ：快速延伸曲线到自动判断的边界。

任意画线，则会快速延伸曲线到自动判断的边界，如图1-1-40所示。

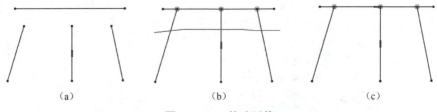

图1-1-40 快速延伸
(a) 原始曲线；(b) 任意画线；(c) 延伸后结果

偏置曲线

10. 偏置曲线

将草图平面上的曲线、边链沿指定方向偏置一定距离而产生新曲线。单击"偏置曲线"按钮，弹出"偏置曲线"对话框，如图1-1-41所示，选择任意一特征线进行偏置，并对整个草图进行参数设置，设置完成后单击"确定"按钮，偏置效果如图1-1-42所示。

图 1-1-41 "偏置曲线"对话框

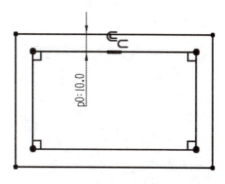

图 1-1-42 偏置曲线效果

"偏置曲线"对话框各选项的说明如下：
(1) 距离：偏置的距离。
(2) 反向：使用相反的偏置方向。
(3) 创建尺寸：勾选此选项将创建一个偏置距离的标注尺寸。
(4) 对称偏置：在曲线的两侧都等距离偏置。
(5) 副本数：设定等距离偏置的数量。
(6) 端盖选项：设定如何处理曲线的拐角。

11. 镜像曲线

镜像曲线适用于轴对称图形，单击"镜像曲线"快捷按钮 ，弹出如图 1-1-43 所示的"镜像曲线"对话框。

要镜像的曲线：曲线必须是当前草图中绘制的曲线。

中心线：可以是当前草图的直线，也可以是已有草图的直线或已有实体的边。

依次单击选择中心线和要镜像的曲线，单击"确定"按钮，完成曲线的镜像，如图 1-1-44 所示。

图 1-1-43 "镜像曲线"对话框

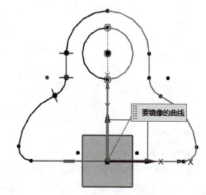

图 1-1-44 镜像曲线

12. 阵列曲线

按照一定的规律实现特征复制，单击"阵列曲线"快捷按钮，弹出如图 1-1-45 所示的

"阵列曲线"对话框。

"线性"阵列：利用间距、数量和节距等参数实现一个或两个线性方向的复制，如图 1-1-45 所示。

"圆形"阵列：通过指定旋转点和设置数量、跨角、节距角等参数实现圆形轨迹的复制，如图 1-1-46 所示。

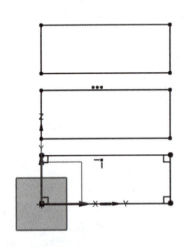

图 1-1-45　"线性"阵列图例

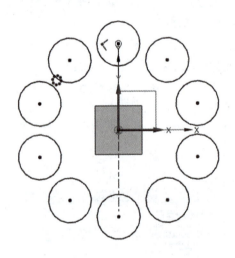

图 1-1-46　"圆形"阵列图例

13. 投影曲线

沿草图平面的法向将草图外部曲线、边或点投影到草图上。点和曲线可以沿着指定矢量方向、与指定矢量成某一角度的方向、指向特定点的方向或面的法向方向进行投影，所有投影曲线均在孔或者面的边界进行修剪。

单击"投影曲线"按钮 ，弹出"投影曲线"对话框，如图 1-1-47 所示，选择如图 1-1-48（a）所示顶面的一周棱边，单击"确定"按钮，创建的投影曲线如图 1-48（b）所示。

图 1-1-47 "投影曲线"对话框　　　　图 1-1-48 投影曲线创建

14. 激活草图

尽管在部件中可能存在很多草图,但每次只能激活一个,只有处于激活状态的草图才能进行编辑。要使草图成为激活的草图,有以下几种方法:

(1) 在"部件导航器"中选中某一草图,单击右键,在弹出的快捷菜单中选择"编辑"选项。

(2) 在"部件导航器"中双击某一草图。

(3) 在建模环境中双击需激活草图上的任一对象。

(4) 进入草图环境,在"草图生成器"中选择需激活的草图名。

注意:建模环境中草图不能被修剪、倒圆,但它可以作为修剪曲线的边界。若要编辑草图,则需进入该草图中操作。

四、UG NX 12.0 操作界面

选择"开始"→"所有程序"→"Siemens NX 12.0"→"NX 12.0"命令,启动 UG NX 12.0,系统打开 UG NX 12.0 的初始操作界面,如图 1-1-49 所示。在该界面的窗口中可以查看一些基本概念、交互说明或使用信息等。

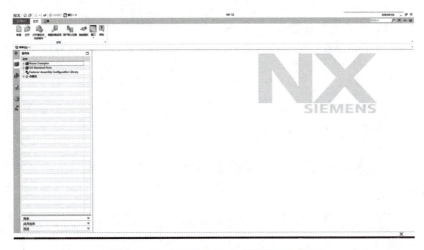

图 1-1-49 UG NX 12.0 的初始操作界面

在功能区的"主页"选项卡中单击"新建"按钮,弹出"新建"对话框,在对话框中输入文件名称、文件保存路径,单击"确定"按钮,进入 UG NX 12.0 的主操作界面,如图 1-1-50 所示。UG NX 12.0 的主操作界面主要由标题栏、菜单栏、功能区、导航器、绘图区、提示栏和状态栏等部分组成。

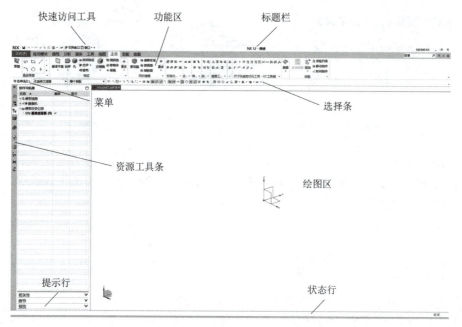

图 1-1-50　UG NX 12.0 的主操作界面

1. 标题栏

标题栏显示了 UG NX 12.0 版本、当前模块、当前正在操作的部件文件名称。在标题栏的右侧部位，有几个使用工具按钮，例如"最小化"按钮 ━ 、"最大化"按钮 ロ 和"关闭"按钮 ✕ 。

2. 菜单

菜单包含了该软件的主要功能命令，可在菜单中选择所需的命令。菜单由文件、编辑、视图、插入、格式、工具、装配、信息、分析、首选项、窗口、GC 工具箱和帮助共 13 个菜单项组成。

3. 功能区

功能区用于显示 UG NX 12.0 的常用功能，是菜单中相关命令快捷按钮的集合，巧用工具栏上的工具按钮可以提高命令的操作效率。

4. 资源工具条

资源工具条上包括装配导航器、约束导航器、部件导航器、重用库、HD3D 工具、Web 浏览器、历史记录、Process Studio、加工向导、角色等。在资源工具条上可以很方便地获取所需要的信息。

5. 绘图区

绘图区是绘图工作的主区域，在绘图模式中，工作区会显示光标选择球和辅助工具栏进行建模工作。

6. 提示行

提示行显示了当前选项所要求的提示信息，这些信息会提醒用户所需要进行的下一步操作，有利于用户对具体命令的使用。初学者要特别注意命令提示行的相关信息。

7. 状态行

状态行用于显示当前操作步骤的状态，或当前操作的结果。

五、文件管理基本操作

1. 新建文件

单击"文件"→"新建"按钮，系统弹出"新建"对话框，在"过滤器"选项组的"单位"下拉列表中选择"毫米""英寸""全部"中的一项，接着从"模板"列表中选择所需要的模板。在"名称"文本框中输入文件名，在"文件夹"中指定文件放置路径，单击"确定"按钮，如图1-1-51所示。

注：UG NX 12.0版本可以创建中文名的文件，可以打开中文路径中的模型文件。

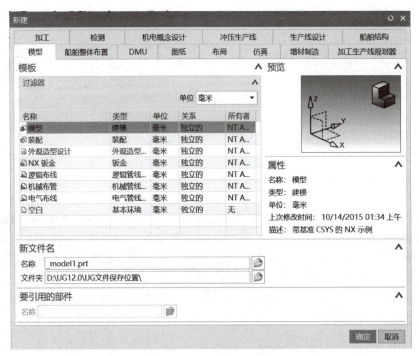

图1-1-51 "新建"对话框

2. 打开文件

要打开一个已经创建好的文件，可以单击"文件"→"打开"按钮，或单击"快速访问"工具栏中的"打开"按钮，弹出"打开"对话框，如图1-1-52所示，选择已保存的部件文件，单击"OK"按钮将其打开，或直接双击打开该部件文件。

3. 保存文件

（1）选择"文件"→"保存"→"保存"命令，保存工作部件文件和任何已经修改的组件文件。

（2）选择"文件"→"保存"→"另存为"命令，使用其他名称保存此工作部件文件。

（3）选择"文件"→"保存"→"全部保存"命令，保存所有已经修改的部件文件和所有的顶级装配部件文件。

4. 关闭文件

（1）选择"文件"→"关闭"→"选定的部件"命令，通过选择模型部件来关闭文件。

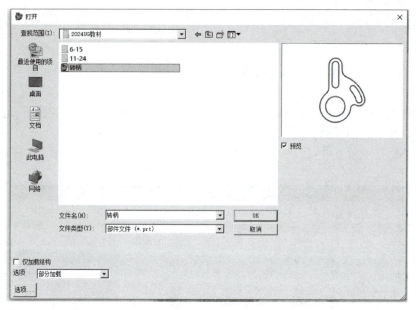

图 1-1-52 "打开"对话框

（2）选择"文件"→"关闭"→"所有文件"命令，关闭程序中所有运行的和非运行的模型文件。

（3）选择"文件"→"关闭"→"保存并关闭"命令，保存并关闭当前正在编辑的文件。

（4）选择"文件"→"关闭"→"另存为并关闭"命令，将当前文件换名保存并关闭。

（5）选择"文件"→"关闭"→"全部保存并关闭"命令，保存并关闭所有文件。

（6）选择"文件"→"关闭"→"全部保存并退出"命令，保存所有文件并退出 UG 系统。

另外，单击位于功能区右侧的"关闭"按钮 ✕，也可关闭当前活动的工作部件文件。

5. 文件的导入和导出

UG NX 12.0 可交换的数据模型很多，这主要是通过"文件"选项卡的"导入"级联菜单和"导出"级联菜单中的命令来完成的。通过 UG NX 12.0 数据交换接口，可以将其他一些设计软件共享数据，以便充分发挥各自设计软件的优势。在 UG NX 12.0 中，可以将其自身的模型数据转换为多种数据格式文件，以被其他设计软件调用。此外，其也可以读取其他一些设计软件所生成的特定类型的数据文件。

如果要将现有 NX 12.0 版本的模型文档导出为 NX 或早期 UG 低版本的模型文档，以便在 NX 或早期 UG 低版本软件中打开并使用该模型数据，那么可以在功能区的"文件"选项卡中选择"导出"→"Parasolid"命令，打开"导出 Parasolid"对话框，在该对话框的"名称"文本框中输入新名称，并从"版本"下拉列表框中选择所需的一个版本，如图 1-1-53 所示，然后单击"确定"按钮即可。

图 1-1-53 "导出 Parasolid"对话框

学有所思

(1) 在任务实施过程中,你遇到了哪些障碍?你是如何想办法解决这些困难的?

(2) 请你阐述在看到转柄草图时,是如何分析并确定绘制步骤的,并准确地说出绘制转柄草图的过程中会使用到的命令名称。

拓展训练

绘制如图 1-1-54 所示的三个草图。

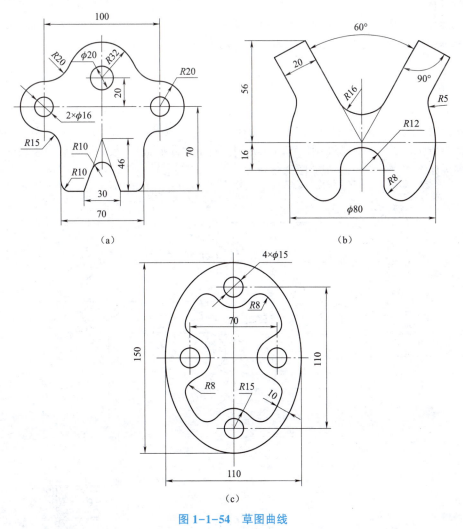

图 1-1-54　草图曲线

任务二　卡板草图的绘制

【学习目标】

【技能目标】
1. 掌握草图绘制的方法与步骤。
2. 掌握草图工具的各种命令或能直接在草图中应用各种命令。

【知识目标】
1. 草图首选项的设置。
2. 草图任务环境的进入。
3. 草图曲线的创建、编辑及约束。

【态度目标】
1. 培养学生诚实守信、勤奋努力的工作态度。
2. 培养沟通协作，具备与他人合作解决问题的责任意识。

【工作任务】

使用UG12.0可以建立各种基本曲线，并对曲线添加约束。草图中的所有图形元素都可以进行参数化控制，最终用来创建拉伸、旋转等特征，也可用来创建复杂曲面。当需要对三维轮廓进行统一的参数化控制时，一般要创建草图（先创建一个大致形状），最终通过约束添加达到设计要求。完成如图1-2-1所示卡板草图的绘制。

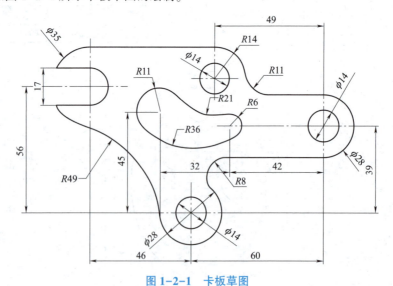

图1-2-1　卡板草图

【任务实施】

步骤1. 建立新文件

启动UG，选择"菜单"→"文件"→"新建"命令，打开

卡板零件草图的绘制

"新建"对话框,在对话框的"名称"文本框中输入"卡板",并指定要保存到的文件夹,单击"确定"按钮,如图 1-2-2 所示。

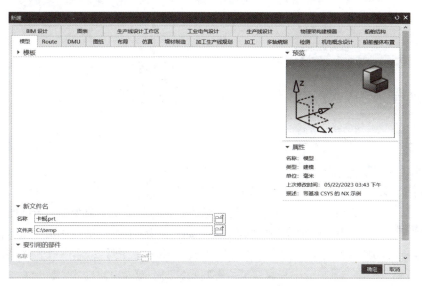

图 1-2-2　建立新文件

步骤 2. 创建草图

选择"菜单"→"插入"→"草图"命令,弹出"创建草图"对话框,如图 1-2-3 所示,在"创建草图"对话框中,"草图类型"栏为"在平面上";"草图坐标系"栏中"指定坐标系"为"自动判断",点选 XY 平面(见图 1-2-4),单击对话框中"确定"按钮,进入草图绘制模式。

图 1-2-3　创建草图

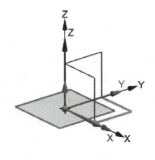

图 1-2-4　草图平面

步骤 3. 创建圆

选择"菜单"→"插入"→"草图曲线"→"圆"命令 ○,弹出"圆"对话框(见图 1-2-5),点选"圆心和直径定圆"创建圆。第一个圆的圆心落在坐标系基准点上,创建直径为 14 mm 的圆,右键点开下拉菜单,单击"确定"按钮。按照图纸大致方位,依次建立第二个圆直径为 17 mm,第三个圆直径为 14 mm,第四个圆直径为 14 mm,如图 1-2-6 所示。

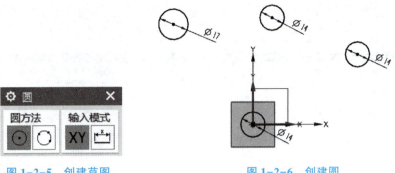

图 1-2-5　创建草图　　　　　图 1-2-6　创建圆

步骤 4. 标注尺寸

选择选择"菜单"→"插入"→"草图约束"→"尺寸"→"线性"命令，弹出"线性尺寸"对话框（见图 1-2-7），进行线性尺寸标注，选择第一个对象为第二个圆的圆心，选择第二个对象为第一个圆的圆心，水平距离设置为 46 mm，单击对话框中的"确定"按钮；再次选择"线性"命令，选择第一个对象为第二个圆的圆心，选择第二个对象为第一个圆的圆心，垂直距离设置为 56 mm。按照图纸尺寸依次标注第三个圆和第四个圆的定位尺寸，如图 1-2-8 所示。

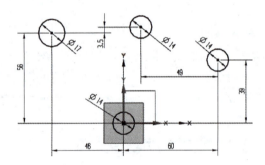

图 1-2-7　"线性尺寸"对话框　　　　　图 1-2-8　定位尺寸标注

步骤 5. 创建圆

选择"菜单"→"插入"→"草图曲线"→"圆"命令，弹出"圆"对话框（见图 1-2-9），点选"圆心和直径定圆"，以第一个圆的圆心为参考点，创建直径为 28 mm 的同心圆，右键点开下拉菜单，单击"确定"按钮。然后，依次创建第二个圆的同心圆直径为 35 mm，第三个圆的同心圆直径为 28 mm，第四个圆的同心圆直径为 28 mm，如图 1-2-10 所示。

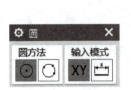
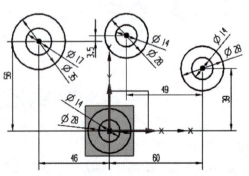

图 1-2-9　"圆"对话框　　　　　图 1-2-10　创建同心圆

步骤 6. 绘制直线

单击"直线"按钮，弹出"直线"对话框（见图 1-2-11），按照图纸样式绘制 5 条水平直线，且与对应圆相切，如图 1-2-12 所示。

图 1-2-11 "直线"对话框

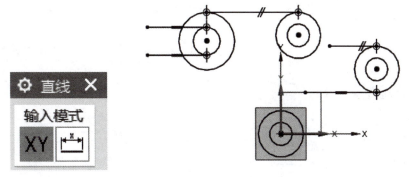

图 1-2-12 绘制直线

步骤 7. 角焊

单击"角焊"按钮，弹出"圆角"对话框（见图 1-2-13），分别单击第一个圆的同心圆和第 2 个圆的同心圆，输入半径为 49 mm，确定圆弧；单击"角焊"按钮，分别单击直线和第一个圆的同心圆，输入半径为 8 mm，确定圆弧；单击"角焊"按钮，分别单击直线和第三个圆的同心圆，输入半径为 11 mm，确定圆弧。如图 1-2-14 所示。

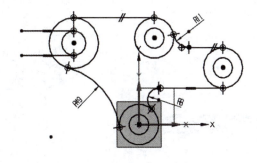

图 1-2-13 "圆角"对话框　　　　图 1-2-14 倒圆角

步骤 8. 修剪曲线

单击"快速修剪"按钮，弹出"快速修剪"对话框（见图 1-2-15），按照图纸样式，修剪轮廓线外的其他线段。如图 1-2-16 所示。

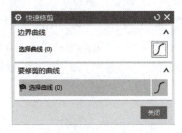

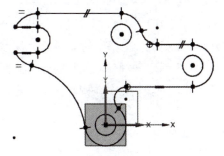

图 1-2-15 "快速修剪"对话框　　　　图 1-2-16 修剪曲线

步骤 9. 创建圆

单击"圆"按钮 ○，弹出"圆"对话框（见图 1-2-17），按照图纸尺寸，确定内圆 1 和内圆 2 的圆心位置，并输入内圆 1 直径为 22 mm、内圆 2 直径为 12 mm，如图 1-2-18 所示。

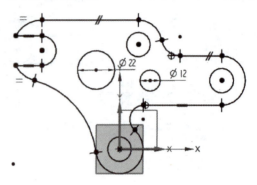

图 1-2-17 "圆"对话框　　　　　图 1-2-18 创建圆

步骤 10. 创建圆弧

单击"圆弧"按钮 ，弹出"圆弧"对话框（见图 1-2-19），按照图纸轮廓，第一点单击内圆 1 圆弧上，第二点单击空白处，第三点单击内圆 2 圆弧上，绘制出第一条圆弧，圆弧半径为 21 mm；单击"圆弧"按钮 ，按照图纸轮廓，第一点单击内圆 1 圆弧上，第二点单击空白处，第三点单击内圆 2 圆弧上，绘制出第二条圆弧，圆弧半径为 36 mm。如图 1-2-20 所示。

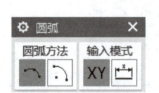

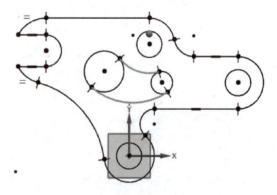

图 1-2-19 "圆弧"对话框　　　　图 1-2-20 创建圆弧

步骤 11. 几何约束

单击"几何约束"按钮 ，单击"相切"按钮 ，选择要约束的对象为第一条圆弧，选择要约束到的对象为内圆 1，确定约束，如图 1-2-21 所示。单击"相切"按钮 ，选择要约束的对象为第一条圆弧，选择要约束到的对象为内圆 2，确定约束；单击"相切"按钮 ，选择要约束的对象为第二条圆弧，选择要约束到的对象为内圆 1，确定约束；单击"相切"按钮 ，选择要约束的对象为第二条圆弧，选择要约束到的对象为内圆 2，确定约束。如图 1-2-22 所示。

步骤 12. 延伸曲线

完成步骤 11. 几何约束后，如果两条圆弧与内圆 1 或内圆 2 的相切线不完整，则需要单击

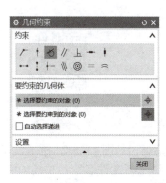

图 1-2-21 "几何约束"对话框

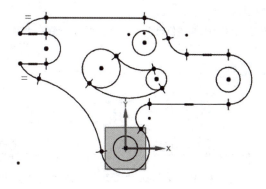

图 1-2-22 绘制两条圆弧

"快速延伸"按钮，完成圆弧延伸。否则直接进入步骤 13。

步骤 13. 修剪曲线

单击"快速修剪"按钮，弹出"快速修剪"对话框（见图 1-2-23），选择要去掉的多余曲线，如图 1-2-24 所示。单击"完成草图"按钮，完成草图绘制。

图 1-2-23 完成草图绘制

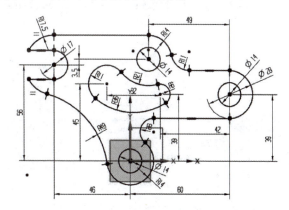

图 1-2-24 完成草图绘制

步骤 14. 显示与隐藏

单击"编辑"→"显示和隐藏"按钮，弹出"显示和隐藏"对话框（见图 1-2-25），单击坐标系后面"-"按钮，隐藏基准坐标系等，效果图如图 1-2-26 所示。

图 1-2-25 "显示和隐藏"对话框

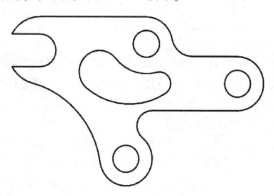

图 1-2-26 草图效果

步骤 15. 保存文件

单击菜单栏中"文件辑"→"保存"按钮,保存所绘草图。

相关知识

草图绘制的
方法与步骤

一、草图绘制的方法与步骤

1. 新建一个模型文件

在标准工具栏中单击"新建"按钮,弹出"新建"对话框,如图 1-2-27 所示,在"新建"对话框"模板"栏中,单位选"毫米"、名称选"模型";在"新文件名"栏中输入名称和选择存储路径的文件夹,然后单击"确定"按钮,完成模型文件的创建。

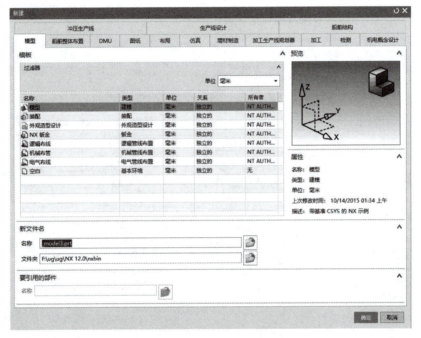

图 1-2-27 "新建"对话框

2. 草图首选项设置

选择"菜单"→"首选项"→"草图"选项,弹出"草图首选项"对话框,对话框分为"草图设置""会话设置"和"部件设置"三页,如图 1-2-28 所示。

1) 草图设置

"草图设置"页包括"活动草图"栏、"不活动草图"栏和"常规"栏的设置。"活动草图"栏用于设置草图尺寸标注的形式、文本高度、是否连续自动判断约束和是否连续自动标注尺寸等。

(1) 尺寸标签:确定尺寸表示方式,选项包括表达式、名称、值。选择"值"选项时,所标注的尺寸将仅显示测量值。

(2) 屏幕上固定文本高度:可在下面的"文本高度"文本框中输入文本高度。

(3) 创建自动判断约束:决定在绘制草图时,系统是否自动判断约束。

(4) 连续自动标注尺寸:决定在绘制草图时,系统是否自动连续标注尺寸。

(5) 显示对象颜色:决定在绘制草图时,系统是否显示对象颜色。

图 1-2-28 "草图首选项"对话框

2)会话设置

"会话设置"页包括"设置"栏、"任务环境"栏的设置。"设置"栏主要用于设置对齐角、是否显示自由度箭头、约束符号、自动尺寸等。

3)部件设置

"部件设置"页中单击各类元素后的颜色块,将打开"颜色"对话框,可以对各种元素颜色进行设置。单击"继承自用户默认设置"按钮,将恢复系统默认的颜色,以便选择新的颜色。

3. 草图任务环境进入

1)从菜单进入草图

选择"菜单"→"插入"→"草图"命令(见图 1-2-29),弹出"创建草图"对话框,如图 1-2-30 所示,可以选择坐标平面、实体上的平面,也可以创建基准平面。确定草图绘制平面,单击对话框中"确定"按钮,就进入草图任务环境。

2)直接进入草图

在功能区,直接单击"草图"按钮(见图 1-2-29),也可弹出"创建草图"对话框,如图 1-2-30 所示,可以选择坐标平面、实体上的平面,也可以创建基准平面。确定草图绘制平面,单击对话框中"确定"按钮,即可以进入草图任务环境。

图 1-2-29 草图进入路径

图 1-2-30 "创建草图"对话框

4. 绘制草图

进入草图环境后，利用工具栏中草图绘制的各种命令进行草图绘制，如图 1-2-31 所示。

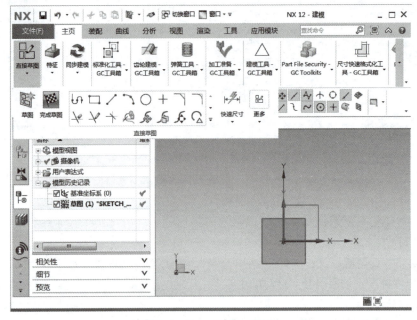

图 1-2-31　绘制草图界面

5. 退出草图

草图绘制完成后，单击功能区中"完成草图"按钮，或在绘图区空白处单击鼠标右键，在快捷菜单中选择"完成草图"，系统退出草图，回到建模环境。保存该草图，单击主菜单"文件"中的"保存"按钮，或者单击"另存为"按钮将草图保存在规定的文件夹下。

6. 草图修改

当草图绘制完毕，并且已经单击"完成草图"按钮后，又发现草图有问题（绘制错误或约束没有到位）需要修改，就必须重新进入需要修改的草图的任务环境。操作方法是：在"部件导航器"中找到需要编辑的草图，然后双击该草图，此时就进入"直接草图"状态，或者右键单击需要编辑的草图，选择"可回滚编辑"，进入"直接草图"状态，就进入了该草图任务环境，此时即可重新修改草图，进行必要的尺寸或几何约束。然后再单击"完成草图"图标，完成草图的修改。

二、草图的约束

建立草图对象后，需要对草图对象进行必要的约束。草图约束将限制草图的形状和大小，约束有两种类型：几何约束和尺寸约束。几何约束就是对线条之间施加平行、垂直和相切等约束，充分固定线条之间的相对位置，用于限制对象的形状；尺寸约束用来控制草图对象之间的尺寸大小，如水平、垂直、平行等。一般先添加几何约束以确定草图的形状，再添加尺寸约束以精确控制草图的尺寸大小。

1. 几何约束

几何约束可建立起草图对象的几何特性（如要求某一直线具有固定长度）或是两个或更多草图对象间的关系类型（如要求两条直线垂直或平行，或是几个圆弧具有相同的半径）。单击

"约束"按钮,弹出"几何约束"对话框,图1-2-32所示。

常用的几何约束有以下几种:

━ 水平:该类型定义直线为水平直线(平行于工作坐标的 X 轴)。

┃ 竖直:该类型定义直线为垂直直线(平行于工作坐标的 Y 轴)。

┳ 固定:该类型是将草图对象固定在某个位置上。不同的几何对象有不同的固定方法,点一般固定其所在的位置;线一般固定其方向或端点;圆或椭圆一般固定其圆心;圆弧一般固定其圆心或端点。

// 平行:该类型定义两条曲线相互平行。

⊥ 垂直:该类型定义两条曲线彼此垂直。

= 等长:该类型定义选取的两条或多条曲线等长。

⌐ 重合:该类型定义两个点或多个点重合。

\\\\ 共线:该类型定义两条或多条直线共线。

↑ 点在曲线上:该类型定义选取的点在某曲线上。

◎ 同心:该类型定义两个或多个圆弧或椭圆弧的圆心相互重合。

⌒ 相切:该类型定义选取的两个对象相切。

≂ 等半径:该类型定义选取的两个或多个圆弧等半径。

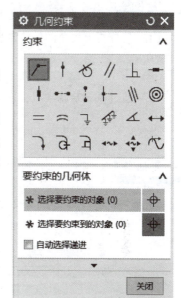

图1-2-32 "几何约束"对话框

其他几何约束在对话框直接查看,不再列举。几何约束在图形区是可见的,通过激活"显示所有约束"按钮,可以看到所有几何约束,关闭"显示所有约束"则会使几何约束显示不可见。可以使用"显示/移除约束"命令区,在图形窗口中显示与选择的草图几何体相关的几何约束或移去指定的约束,也可以在信息窗口中列出关于所有几何约束的信息。

几何约束

2. 尺寸约束

尺寸约束的功能是限制草图的大小和形状。尺寸约束的类型有以下几种:

(1) 快速尺寸:选择该方式时,系统根据所选择草图对象的类型和光标与所选对象的相对位置,采用相应的标注方法。当选择水平线时,采用水平尺寸标注方式;当选择垂直线时,采用竖直尺寸标注方式;当选择斜线时,则根据鼠标位置按水平、竖直或者平行方式标注;当选择圆弧时,则采用半径标注方式;当选择圆时,则采用直径标注方式。

尺寸约束

(2) 线性尺寸:选择该方式时,系统会对所选择的对象进行水平(竖直等)方向的尺寸标注。

(3) 径向尺寸:选择该方式时,系统会对所选择的圆弧对象进行尺寸约束。标注该类尺寸时,一般先选取圆弧线,系统直接标注圆弧的直径(径向等)尺寸。

(4) 角度尺寸:选择该方式时,系统会对所选择的两条直线进行角度尺寸约束。标注该类尺寸时,一般在远离直线交点的位置选择两直线,系统会标注这两条直线之间的角度。

(5) 周长尺寸:选择该方式时,系统会对所选择的多个对象进行周长的尺寸约束。标注该类尺寸时,一般选取一段或者多段曲线,系统会标注这些曲线的长度。

学有所思

（1）请分析卡板草图的绘制思路，并熟练使用约束条件绘制草图。

（2）通过草图绘制学习，你认为提高绘制草图效率要注意哪些问题？

拓展训练

绘制如图 1-2-33 和图 1-2-34 所示的两个草图。

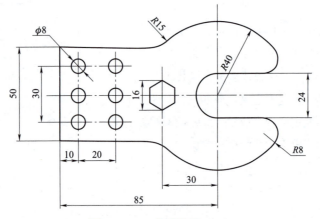

图 1-2-33　草图效果（一）

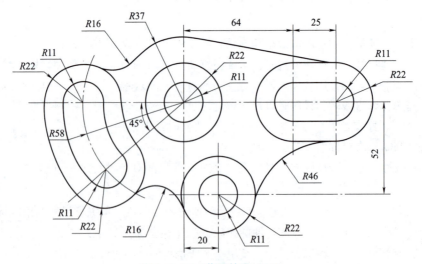

图 1-2-34　草图效果（二）

项目二　阶梯轴及箱体零件三维模型的创建

任务一　阶梯轴零件三维模型的创建

学习目标

【技能目标】
1. 能正确绘制阶梯轴三维模型。
2. 会正确使用 UG12.0 常用三维建模命令。

【知识目标】
1. 掌握"基准特征""基本体素""设计特征"和"关联复制"等命令的创建方法及应用。
2. 掌握模型编辑命令的应用。

【态度目标】
1. 培养团结协作的精神和集体意识。
2. 培养责任意识，养成工匠精神。
3. 培养爱岗敬业、积极进取的品质。

工作任务

根据提供的阶梯轴尺寸参数（见图 2-1-1），能正确分析产品的结构特点和技术要求，并选择合理的造型方法完成产品三维模型的创建。

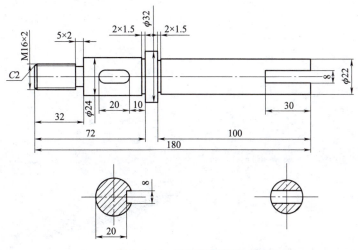

图 2-1-1　阶梯轴零件图

任务实施

阶梯轴

步骤 1. 建立新文件

启动 UG12.0 软件，单击"文件"→"新建"按钮，弹出"新建"对话框，单位选择"毫米"，在文件"名称"文本框中输入"阶梯轴"，选择文件存盘的位置，单击"确定"按钮，进入建模模块。

步骤 2. 创建阶梯轴主体

（1）在 XY 平面创建如图 2-1-2 所示草图（注意：轴线位置与 X 轴重合，轴的左端面与 Y 轴重合，方便后面键槽和轴端槽的定位）。

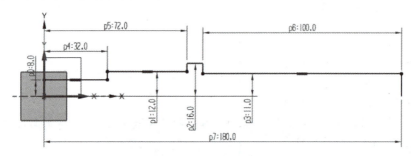

图 2-1-2　梯轴主体草图

（2）选择"插入"→"设计特征"→"回转"命令，弹出"回转对话框"，如图 2-1-3 所示。截面选择草图截面线，轴选择 X 轴，旋转角度开始为 0°，结束为 360°，单击"确定"按钮，得到如图 2-1-4 所示的轴的实体。

图 2-1-3　"回转"对话框　　　　图 2-1-4　旋转得到轴的实体

步骤3. 创建3个沟槽

（1）创建5 mm×2 mm的沟槽：选择"插入"→"设计特征"→"槽"命令或单击"槽"按钮 ，弹出"槽"对话框，如图2-1-5所示，选择"矩形"，选择放置的圆柱面，单击"确定"按钮，在系统弹出的"矩形槽"对话框中输入槽的直径为12 mm、宽度为5 mm，然后单击"确定"按钮，给槽定位后再单击"确定"按钮，得到如图2-1-6所示沟槽。

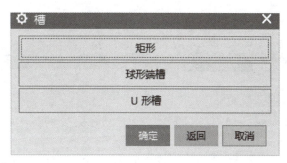

图2-1-5 "槽"对话框

图2-1-6 创建5 mm×2 mm的沟槽

（2）同理创建两个2 mm×1.5 mm的沟槽：沟槽1如图2-1-7所示，沟槽2如图2-1-8所示。

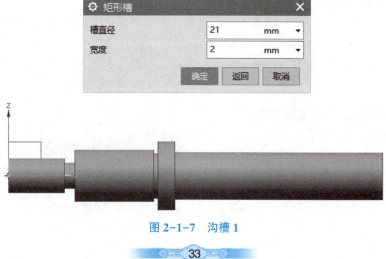

图2-1-7 沟槽1

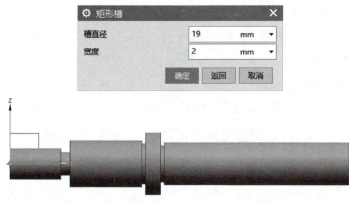

图 2-1-8　沟槽 2

步骤 4. 创建键槽

（1）选择"插入"→"基准/点"→"基准平面"命令或单击"基准平面"按钮，弹出"基准平面"对话框，如图 2-1-9 所示，选择"相切"类型，创建基准平面（与圆柱面相切），如图 2-1-10 所示。

图 2-1-9　"基准平面"对话框

图 2-1-10　创建基准平面

（2）在上步创建的基准面创建键槽。选择"插入"→"设计特征"→"键槽"命令或单击"键槽"按钮，选择"矩形"，选择放置基准面，单击"确定"按钮，选择键槽的放置方向，单击 X 轴，在系统弹出的"矩形槽"对话框中输入键槽的长度为 20 mm、宽度为 8 mm、深度为 4 mm，然后单击"确定"按钮，给槽定位后，再单击"确定"按钮，得到如图 2-1-11 所示键槽。

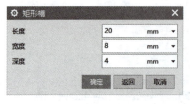

图 2-1-11　创建键槽

步骤 5. 创建轴端部槽

选择"插入"→"设计特征"→"腔"命令或单击"腔"按钮, 弹出如图 2-1-12 所示"腔"对话框, 选择"矩形", 选择放置基准面为轴端面, 选择键槽的放置方向(注意与键槽方位关系), 单击 Z 轴, 在系统弹出的"矩形槽"对话框中输入键槽的长度为 30 mm(大于轴的直径)、宽度为 8 mm、深度为 30 mm, 然后单击"确定"按钮, 给腔体定位后, 再单击"确定"按钮, 得到如图 2-1-13 所示轴端部槽。

图 2-1-12 "腔"对话框

图 2-1-13 创建轴端部槽

步骤 6. 轴端倒角和创建螺纹

(1) 轴端倒角。在主菜单选择"插入"→"细节特征"→"倒斜角"命令或单击工具栏中"倒斜角"按钮, 系统弹出"倒斜角"对话框, 如图 2-1-14 所示, 在"倒斜角"对话框中, "横截面"选"对称", 输入距离为 2 mm、角度为 45°, 单击相应的实体边界, 单击"确定"按钮, 结果如图 2-1-15 所示。

图 2-1-14 "倒斜角"对话框

图 2-1-15 轴端倒角

（2）创建螺纹。选择"插入"→"设计特征"→"螺纹"命令或单击"螺纹"按钮，系统弹出"螺纹切削"对话框，如图2-1-16所示，在螺纹类型栏选择"详细"，选择圆柱面，系统弹出"编辑螺纹"对话框，输入长度为30 mm、螺距为2 mm、角度为60°，选择起始位置为轴的左端面，单击"应用"按钮，结果如图2-1-17所示。

图2-1-16　"螺纹"对话框

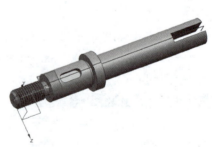

图2-1-17　创建螺纹

步骤7. 隐藏不需要显示的曲线

完成阶梯轴零件的实体造型。选择"编辑"→"显示和隐藏"→"显示和隐藏"命令，系统弹出"显示和隐藏"对话框，如图2-1-18所示，隐藏基准轴，效果如图2-1-19所示。

步骤8. 保存文件

选择菜单栏中"文件"→"保存"命令，保存阶梯轴零件的实体。

图 2-1-18　"显示和隐藏"对话框

图 2-1-19　阶梯轴零件的实体

相关知识

一、视图操作

1. 鼠标操作

鼠标在 UG 软件中的应用频率非常高且功能强大，应用最广的是三键滚轮鼠标，鼠标的操作使用代码表示："MB1"代表鼠标左键，"MB2"代表鼠标中键盘，"MB3"代表鼠标右键。通过鼠标的按键可实现平移、缩放、旋转及弹出快捷菜单等操作，三键滚轮鼠标如图 2-1-20 所示。

三键滚轮鼠标的功能及操作说明见表 2-1-1。

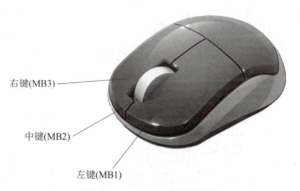
图 2-1-20　三键滚轮鼠标

表 2-1-1　三键滚轮鼠标的功能及操作说明

鼠标按键	功能	操作说明
左键（MB1）	用于选择菜单栏、快捷菜单、工具栏中的命令和模型对象	单击"MB1"
中键（MB2）	放大或缩小	按"Ctrl"+"MB2"或"MB1+MB2"快捷键并拖动光标，均可实现模型放大或缩小
中键（MB2）	平移	按"Shift+MB2"或"MB2+MB3"快捷键并拖动光标，可实现模型的平移
中键（MB2）	旋转	长按"MB2"并拖动光标，可实现模型的旋转
中键（MB2）	确定	单击"MB2"，相当于"Enter"键
右键（MB3）	弹出快捷菜单	单击"MB3"
右键（MB3）	弹出推断式菜单	选择任意一个特征单击"MB3"并保持
右键（MB3）	弹出悬浮式菜单	在绘图区空白处单击"MB3"并保持

2. 鼠标右键菜单

将鼠标放在绘图区域，单击右键，弹出如图 2-1-21 所示对话框，视图操作常用功能如表 2-1-2 所示。

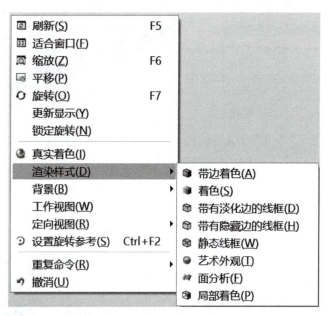

图 2-1-21 鼠标右键菜单

表 2-1-2 视图操作功能说明

按钮	含义及操作方法
刷新	重画图形窗口中的所有视图。擦除临时显示的对象，例如作图过程中遗留下的点或线的轨迹
适合窗口	调整工作视图的中心和比例，以显示所有对象，即在工作区全屏显示全部视图
缩放	对视图进行局部放大。单击该按钮后，在图形中放大位置按下鼠标左键并拖动到合适的位置后松开鼠标左键，则矩形线框内的图形将被放大
平移	单击该按钮后，在工作区中按下鼠标左键并移动，视图将随鼠标移动的方向进行平移
旋转	按下该按钮后，在工作区中按下鼠标左键并移动，即可完成视图的旋转操作
渲染样式	带边着色：用以渲染工作实体的面并显示面的边。 着色：用以渲染工作实体中实体的面，不显示面的边。 带有淡化边的线框口：图形中隐藏的线将显示为灰色。 带有隐藏边线框口：不显示图形中隐藏的线。 静态线框由：图形中的隐藏线将显示为虚线。 艺术外观：根据制定的基本材料、纹理和实际渲染工作视图中的面

二、图层操作

UG NX 中的图层除了可以控制显示之外，还是对各种几何元素分类管理的有效工具。UG NX 中最多可以使用 256 个图层（1~256），其中只有一个是当前工作层。

1. 图层设置

单击"菜单"→"格式"→"图层设置"按钮，系统弹出"图层设置"对话框，如图 2-1-22 所示。

"图层设置"对话框中各参数含义如下：

（1）"工作层"用来显示当前的工作图层，也可用来设置新的工作图层。

（2）"按范围/类别选择图层"用于选择图层的范围或类别，在其后的文本框中输入图层范围或图层类别后，按"Enter"键，将在图层列表框中显示对应的图层。

（3）"类别显示"用于控制图层类别，过滤显示项目。

（4）"类别列表框"显示满足图层过滤条件的图层类别。

（5）"添加类别"建立和编辑图层类别。

（6）"设为可选"将指定的图层或多个图层设置为可见并可选。

（7）"设为工作层"将指定的图层或多个图层设置为工作图层。

（8）"设为不可见"将指定的图层或多个图层设置为不可见状态。

（9）"设为仅可见"将指定的图层或多个图层设置为可见但不可选状态。

2. 移动至图层

"移动至图层操作"用于将选定的对象从原来图层移动到指定的新图层，而原来的图层不再包含该对象。

单击"菜单"→"格式"→"移动至图层"按钮，弹出"类选择"对话框，如图 2-1-23 所示，在对话框中选择要移动的对象，单击"确定"按钮，弹出"图层移动"对话框，如图 2-1-24 所示，在对话框"目标图层或类别"文本框中输入移动的目标层名称，或者在"图层"列表框中选择一个目标层，单击"确定"按钮，完成移动。

图 2-1-22　"图层设置"对话框

图 2-1-23　"类选择"对话框

图 2-1-24　"图层移动"对话框

3. 复制至图层

"复制至图层"操作用于将选定的对象从原来图层复制到指定的目标图层,使原来的图层和目标图层都包含该对象。

单击"菜单"→"格式"→"复制至图层"按钮,弹出"类选择"对话框,选择要复制的对象,单击"确定"按钮,弹出"图层复制"对话框,在"图层复制"对话框的"目标图层或类别"文本框中输入复制的目标层名称,单击"确定"按钮,完成复制。

三、编辑操作

1. 编辑对象显示

通过对象显示方式的编辑,可以修改对象的颜色、线型和透明度等属性,特别是用于创建复杂的实体模型时对各部件进行观察、选取以及分析修改等操作。

单击"菜单"→"编辑"→"对象显示"按钮,系统弹出"类选择器"对话框,利用该对话框选择要编辑显示方式的对象,然后单击"确定"按钮,弹出"编辑对象显示"对话框,如图 2-1-25 所示。

在"编辑对象显示"对话框中,"常规"选项卡相关参数的含义如下。

1)"常规"选项卡

(1) 图层:当前选择的对象指定所属图层。在没有进行设置的情况下,所有对象都默认为图层 1,可以根据需要在此处进行对象图层的指定。在 UG NX 里,一个 UG 部件可以含有 1~256 个图层,图层设置不能超出这个范围。

(2) 颜色:对当前选择对象的颜色进行编辑。如需要设置,则可在"编辑对象显示"对话框中单击"颜色"右边的"   "图标,打开如图 2-1-26 所示的"颜色"对话框,在其中选择需要的颜色,单击"确定"按钮,返回"编辑对象显示"对话框,继续单击"确定"按钮便可完成颜色的设置。

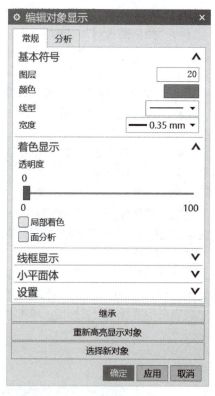

图 2-1-25 "编辑对象显示"对话框

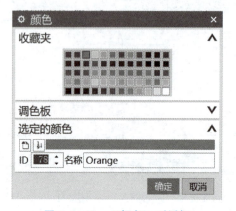

图 2-1-26 "颜色"对话框

(3) 线型：对选定对象的线型进行设置。线型有虚线、双点画线、中心线、点线、长点线，点画线可以根据不同的需要进行设置。

(4) 宽度：对选定对象宽度进行设置，可以根据不同的需要进行选取。

2) "着色显示"选项组

(1) 透明度：设置所选对象的透明度，以便于用户观察对象的内部情况。

(2) 局部着色：选中"局部着色"复选框，可对所选对象进行部分着色。

(3) 面分析：选中"面分析"复选框，可对所选对象进行面分析。

3) 线框显示

设置实体或片体以线框显示时在 U 和 V 方向的栅格数量。

2. 显示/隐藏对象

在创建复杂模型时，一个文件中往往存在多个实体造型，造成各实体之间的位置关系相互错叠，这样在大多数观察角度上将无法看到被遮挡的实体。这时，将当前不操作的对象隐藏起来，即可方便地对其覆盖的对象进行操作。

按类型控制显示和隐藏：单击"菜单"→"编辑"→"显示和隐藏"→"显示和隐藏"按钮 ，打开如图 2-1-27 所示"显示和隐藏"对话框。在该对话框的"类型"列中列出了当前图形中所包含的各类型名称，通过单击右侧"显示"列中的按钮"+"或"隐藏"列中的按钮"-"，即可控制该名称类型所对应特征的显示和隐藏状态。

图 2-1-27 "显示和隐藏"对话框

四、基准特征

基准特征是用户为了生成一些复杂特征而创建的一些辅助特征，它主要用来为其他特征提供放置和定位参考。基准特征主要包括基准平面、基准轴和基准坐标系。

(1) 基准平面。单击"菜单"→"插入"→"基准/点"→"基准平面"按钮或选择"主页"选项卡，选择"特征"组→"基准平面"命令 ，打开如图 2-1-28 所示的"基准平面"对话框，根据设计需要，指定"类型""要定义平面的对象""面方位"和"偏置"。

在"基准平面"对话框的"类型"下拉类表中提供的类型选项如图 2-1-29 所示。

自动判断：用"自动判断"方式创建基准平面，包括选定一个点、两个点、三个点和一个平面。

图 2-1-28 "基准平面"对话框　　图 2-1-29 用于创建基准平面的类型选项

　　按某一距离：选择一个平面或基准平面并输入偏置值，则会建立一个基准平面。该平面与参考平面的距离为所设置的偏置值。

　　成一角度：选择一个平面或基准平面，再选择一条直线或轴，则会建立一个有一定角度的基准平面。该平面与参考平面的夹角为所设置的角度值，如图 2-1-30 所示。

图 2-1-30 "成一角度"类型

　　二等分：选择两个平行的平面或基准面，系统会在所选的平面之间创建基准平面。创建的基准平面与所选的两个平面的距离相等，即为两个选定面的平分面。

　　曲线和点：通过选择一个点和一条曲线或者两个点来定义基准平面。若选择一个点和一条曲线，当点在曲线上时，该基准平面通过该点且垂直于曲线在该点处的切线方向；当点不在曲线上时，则该基准平面通过该点和该条曲线。若选择两个点来定义基准平面，则该基准平面通过两点的连线且通过第一个点的法线方向。

📄 两直线：通过选择两条直线来创建基准平面，该平面通过这两条直线或者通过其中一条直线和与该条直线平行的直线。

📄 相切：通过选择一个圆锥体或圆柱体来创建基准平面，该基准平面与圆锥体或圆柱体表面相切。

📄 通过对象：通过选择一条直线、曲线或者一个平面来创建基准平面，该平面垂直于所选直线，或通过所选的曲线或平面。

📄 点和方向：通过选择一个参考点和一个参考矢量，建立通过该点且垂直于所选矢量的基准平面。

📄 曲线上：通过选择曲线上的某点，生成与曲线所在平面垂直、重合的基准平面。

📄 视图平面：创建平行于视图平面并穿过 ACS 原点的固定基准平面。

此外，也可以选择 YC-ZC 面、XC-ZC 面、XC-YC 面为基准平面。

（2）基准轴。单击"菜单"→"插入"→"基准/点"→"基准轴"按钮，弹出如图 2-1-31 所示的"基准轴"对话框。该对话框提供了以下几种创建基准轴的方法。

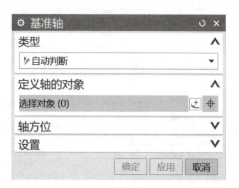

图 2-1-31　"基准轴"对话框

📄 自动判断：根据所选的对象确定要使用的最佳基准轴类型。

📄 交点：在两个面的相交处创建基准轴。

📄 曲线/面轴：沿线性曲线、线性边、圆柱面、圆锥面或环的轴创建基准轴。

📄 曲线上矢量：创建与曲线或边上的某点相切、垂直或双向垂直，或者与另一对象垂直或平行的基准轴。

📄 XC 轴：沿工作坐标系（WCS）的 XC 轴创建固定基准轴。

📄 YC 轴：沿工作坐标系（WCS）的 YC 轴创建固定基准轴。

📄 ZC 轴：沿工作坐标系（WCS）的 ZC 轴创建固定基准轴。

📄 点和方向：选择点和直线，生成通过所选点且与所选直线平行的基准轴。

📄 两点：生成依次通过两选择点的基准轴，如图 2-1-32 所示。

（3）基准坐标系。单击"菜单"→"插入"→"基准/点"→"基准坐标系"按钮，弹出如图 2-1-33 所示的"基准坐标系"对话框，在"类型"选项组的下拉列表中选择"原点，X点，Y点"类型选项，根据所选类型进行相关设置，如图 2-1-34 所示。

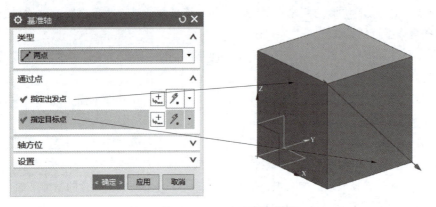

图 2-1-32 "两点"类型

图 2-1-33 "基准坐标系"对话框

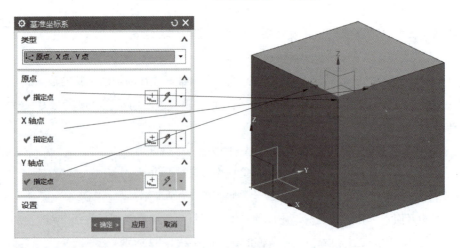

图 2-1-34 "原点，X点，Y点"类型

五、布尔运算

"布尔运算"是对两个及两个以上独立的实体特征进行求和、求差、求交，从而产生一个新

的实体。

单击"菜单"→"插入"→"组合"→"合并" 、"减去" 、"相交" 按钮,弹出如图 2-1-35 所示的"合并""求差""相交"对话框,当生成多个实体时,实体间的作用方式有以下几类(见图 2-1-36):

合并:将工具体和目标体合并为一个实体。

求差:将工具体从目标体中移除。

相交:取工具体与目标体的公共部分。

图 2-1-35 "布尔运算"对话框

(a)"合并";(b)"求差";(c)"相交"

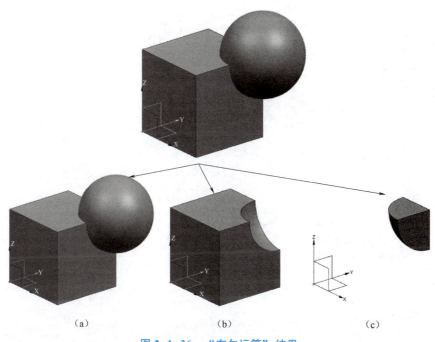

图 2-1-36 "布尔运算"结果

(a)"合并";(b)"求差";(c)"相交"

六、设计特征

1. 基本实体特征

用于建立各种零部件产品的基本实体模型,包括长方体、圆柱体、圆锥体和球等一些特征形式。

(1) 长方体。长方体绘制功能主要用于创建正方体和长方体形式的实体特征，其各边的边长通过给定的具体参数来确定。

单击"菜单"→"插入"→"设计特征"→"长方体"按钮，弹出"长方体"对话框，如图 2-1-37 所示。

▣ 原点和边长：在"长方体"对话框中选取按钮，在"尺寸"参数文本框中设定长方体的边长，并指定其左下角顶点的位置，创建长方体，如图 2-1-38（a）所示。

▣ 两点和高度：指定长方体的底面对角点和高度进行创建。长方体的底面对角点分别为（0，0，0）和（50，30.0），高度为 15，如图 2-1-38（b）所示。

▣ 两个对角点：指定长方体的两个对角点进行创建。长方体的原点坐标为（-25，-15，0），对角点坐标为（25，15，15）。坐标点的设置均通过单击对话框上"点对话框"图标进行操作，如图 2-1-38（c）所示。

长方体

图 2-1-37 "长方体"对话框

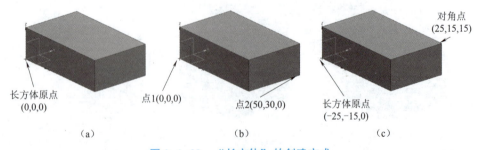

图 2-1-38 "长方体"的创建方式
(a) 原点和边长；(b) 两点和高度；(c) 两个对角点

圆柱体

(2) 圆柱体。在"特征"组中单击"更多"→"设计特征"→"圆柱"按钮 或选择"菜单"→"插入"→"设计特征"→"圆柱"命令，弹出"圆柱"对话框，系统提供以下两种圆柱体的创建方式。

① 轴、直径和高度：指定圆柱的底面圆心、直径和高度进行创建，如图 2-1-39 所示圆柱的圆心在原点位置，直径为 100，高为 100。

②圆弧和高度：继承所选取圆弧的圆心和直径，指定圆柱高度进行创建，图 2-1-40 所示为选取半径 R20 的草图圆弧后，设定高度为 100 创建而成的圆柱。

图 2-1-39　"轴、直径和高度"方式

图 2-1-40　"圆弧和高度"方式

（3）圆锥体。单击"菜单"→"插入"→"设计特征"→"圆锥"按钮▲，弹出如图 2-1-58 所示的"圆锥"对话框，系统提供了"两个共轴的圆弧""直径和高度""直径和半角""底部直径，高度和半角"和"顶部直径，高度和半角"5 种创建圆锥的方式。

①直径和高度：该方式为系统默认方式，即通过直径与高度方向的数据来生成圆锥体。当用户在"类型"中选择"直径和高度"选项后，需在"轴"中定义一个矢量作为圆锥体的轴线方

向。定义完轴线方向后，在"指定点"中输入圆锥底面圆心坐标，然后在如图 2-1-41 所示的圆锥体"尺寸"选项区中，根据需要分别在"底部直径""顶部直径"与"高度"文本框中输入所需要的参数，单击"确定"按钮，生成如图 2-1-42 所示的圆锥。

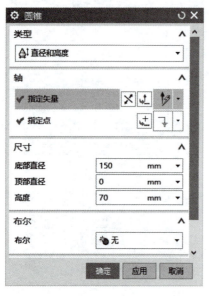

图 2-1-41　"圆锥"对话框　　　　图 2-1-42　圆锥

圆锥

②直径和半角：该方式通过定义定位点和底面直径、顶面直径以及母线和轴线的角度值来创建圆锥。

③底部直径，高度和半角：该方式通过定位点、底面直径、高度以及母线和轴线的角度值创建圆锥。

④顶部直径，高度和半角：该方式通过定位点、顶面直径、高度以及母线和轴线的角度值创建圆锥。

⑤两个共轴的圆弧：通过当前工作视图中已存在的两个共轴的弧来生成圆锥体。当用户选择该方式后，对话框如图 2-1-43 所示，此时用户需要在当前视图中选择已存在的第 1 条弧（该圆弧的半径与中心分别为所需要生成圆锥的底圆半径与中心），再选择第 2 条弧，单击"确定"按钮，创建的圆锥如图 2-1-44 所示。

图 2-1-43　"两个共轴的圆弧"方式　　图 2-1-44　"两个共轴的圆弧"创建的圆锥

（4）球体。在"特征"组中单击"更多"→"设计特征"→"球"按钮 ⬤ 或选择"菜单"→"插入"→"设计特征"→"球体"命令，弹出"球"对话框，在该对话框的"类型"下拉列表框中提供了以下两种球体的创建方式。

①中心点和直径：选择该类型选项，可通过指定中心点和直径尺寸生成球体，如图2-1-45所示。

图 2-1-45　选择"中心点和直径"方式

②圆弧：选择该类型选项，可通过选择当前工作视图中已存在的一条弧来生成球体。

2. 基本成形设计特征

（1）拉伸。拉伸特征是指截面图形沿指定方向拉伸一段距离所创建的特征。

选择"菜单"→"插入"→"设计特征"→"拉伸"命令，或者单击"特征"组→"设计特征下拉菜单"中的"拉伸"按钮 ⬚，弹出如图2-1-46所示的"拉伸"对话框。

图 2-1-46　"拉伸"对话框

①表区域驱动：指定要拉伸的曲线或边。

　　绘制截面：进入草图，定义草图平面，绘制拉伸截面曲线。

　　曲线：选择截面的曲线、边、面进行拉伸。

②定义方向：设定拉伸方向。单击"矢量构造器"按钮 定义矢量，也可以采用"自动判断的矢量" ，单击其右侧的下拉箭头选择一种矢量，或单击 按钮反转拉伸方向。

③设置拉伸限制参数值。

值：距离的"零"位置是沿拉伸方向，定义在所选剖面几何体所在面，分别定义"起始距离"与"结束距离"的数值。"起始距离"与"结束距离"可以定义为"负"值。

直至下一个：沿拉伸方向，直到下一个面为终止位置。

直至选定：沿拉伸方向，直到下一个被选定的终止面位置。

对称值：将开始限制距离转换为与结束限制相同的值。

贯通：对于要打穿多个体，该命令最为方便。

④布尔：选择"布尔"操作命令，以设置拉伸体与原有实体之间的存在关系。

⑤拔模："拔模"和"角度"选项可以在生成拉伸特征的同时，对面进行拔模，拔模角度可正可负。

例如，当选择的"拔模"选项为"从起始限制"时，设置"角度"值为"10"，拉伸特征的效果如图2-1-47所示。

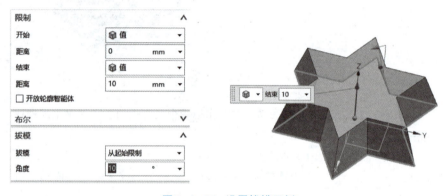

图 2-1-47　设置拔模示例

⑥定义偏置：在"偏置"选项组中定义拉伸偏置选项及相应的参数，以获得特定的拉伸效果。下面以结果图例对比的方式让读者体会4种偏置选项（"无""单侧""两侧"和"对称"）的差别效果，如图2-1-48所示。

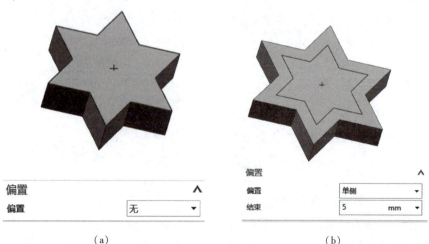

(a)　　　　　　　　　　　　　　(b)

图 2-1-48　定义偏置的4种情况

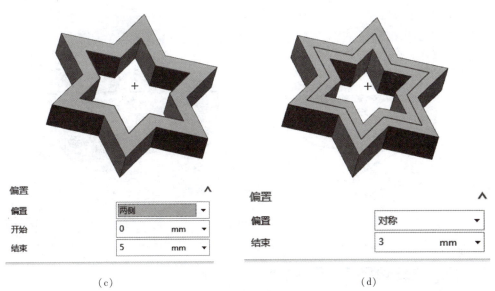

（c） （d）

图 2-1-48　定义偏置的 4 种情况（续）

（2）旋转：指截面线通过绕旋转轴来创建回转特征。

选择"菜单"→"插入"→"设计特征"→"旋转"命令或者单击"特征"组→"设计特征"下拉菜单中的"旋转"按钮，弹出"旋转"对话框，如图 2-1-49 所示。选择或创建草图（曲线），设置旋转轴矢量和旋转轴的定位点，再输入"限制"参数，设置"偏置"方式，进行回转。当进行无偏置回转时，若回转截面为非封闭曲线且回转角度小于 360°，则可得片体，如图 2-1-50 所示。

图 2-1-49　"旋转"对话框

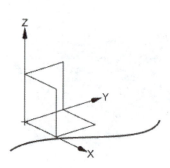 

图 2-1-50　创建回转特征

（3）孔。选择"菜单"→"插入"→"设计特征"→"孔"命令，或单击单击"特征"组→"设计特征"下拉菜单中的"孔"按钮，弹出"孔"对话框，如图 2-1-51 所示。

图 2-1-51　创建简单孔

①类型：可在部件中添加不同类型孔的特征。
②位置：指定孔的中心。
③方向：指定孔的方向。
④形状和尺寸：根据孔的类型不同，确定不同形状的孔及其尺寸参数。

其中"常规孔"最为常用，该孔特征包括简单孔、沉头孔、埋头孔和锥孔 4 种成形方式，如图 2-1-52 所示。

①简单孔：以指定孔直径、孔深度和顶点的顶尖角生成一个简单的孔。
②沉头孔：指定孔直径、孔深度、顶尖角、沉头直径和沉头深度生成沉头孔。
③埋头孔：指定孔直径、孔深度、顶尖角、埋头直径和埋头角度生成埋头孔。
④锥形：指定孔直径、锥角和深度生成锥形孔。

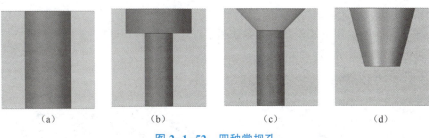

图 2-1-52 四种常规孔

(a) 简单孔；(b) 沉头孔；(c) 埋头孔；(d) 锥形孔

（4）凸台。凸台是隐藏命令，可以通过选择"定制"命令，在其"搜索"中输入要搜索的名称，即会显示该命令，可以将该命令按钮拖到快捷菜单里再使用。

选择"菜单"→"插入"→"设计特征"→"凸台（原有）"命令 ▣，弹出如图 2-1-53 所示的"支管"对话框。凸台的生成步骤为：选择放置面，在"支管"对话框的参数区中输入直径、高度和锥角；设置好参数后，单击"确定"按钮，弹出"定位"对话框，定位凸台的位置或者直接单击"确定"按钮，完成凸台的创建操作。如图 2-1-54 所示。

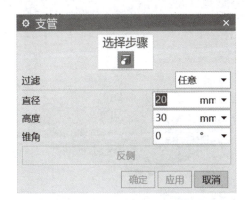

图 2-1-53 "凸台"对话框

图 2-1-54 凸台特征

（5）腔体。选择"菜单"→"插入"→"设计特征"→"腔（原有）"命令 ▣，弹出如图 2-1-55 所示的"腔"对话框，该对话框包含"圆柱形""矩形"和"常规"三个按钮。

①圆柱形。此按钮用于在实体上创建圆柱形腔体。单击"圆柱形"按钮，将弹出"选择腔体放置平面"对话框，包括"实体面"和"基准平面"两个选项，提示用户选择平的放置面。选择好放置平面以后，弹出"圆柱腔"对话框，其中深度值必须大于底面半径，如图 2-1-56 所示。放置好参数后单击"确定"按钮，弹出"定位"对话框，配以适当的定位方式，确定圆柱腔体的放置位置，完成圆柱腔体的创建。

图 2-1-55 "腔"对话框

图 2-1-56 "圆柱腔"对话框

②矩形腔。在"腔"对话框中单击"矩形"按钮,弹出"矩形腔"对话框,先定义腔体的放置面和水平参考,然后定义矩形腔体的参数和定位尺寸,指定长度、宽度和深度,以及拐角处和底面上的半径,如图2-1-57所示。

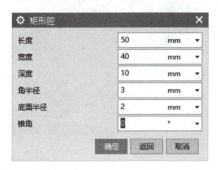 

图 2-1-57　矩形腔体参数的定义

（6）垫块。选择"菜单"→"插入"→"设计特征"→"垫块（原有）"命令，打开"垫块"对话框，单击"矩形"按钮，选择放置面，定义水平参考，在出现的"矩形垫块"对话框中定义参数，如图2-1-58所示，单击"确定"按钮，在弹出的"定位"对话框中定义定位尺寸，单击"确定"按钮，完成垫块的创建。

 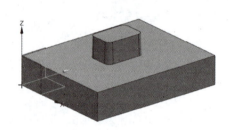

图 2-1-58　矩形凸垫参数定义

（7）凸起。选择"菜单"→"插入"→"设计特征"→"凸起"命令，弹出"凸起"对话框（见图2-1-59）创建凸起，如图2-1-60所示。

图 2-1-59　"凸起"对话框　　　　　图 2-1-60　创建凸起

(8) 键槽。选择"菜单"→"插入"→"设计特征"→"键槽（原有）"命令 ，弹出如图 2-1-61 所示的"槽"对话框，其中包含"矩形槽""球形端槽""U 形槽""T 形槽"和"燕尾槽"5 个单选按钮，在对话框中勾选"通槽"复选框可用来设置是否生成通槽。"槽"中所有槽类型的深度值按垂直于平面放置面的方向测量。

①矩形槽。在如图 2-1-61 所示的"槽"对话框中选择"矩形"单选按钮，勾选"通槽"选项，然后单击"确定"按钮，弹出如图 2-1-62 所示"矩形槽"对话框，其中包含"实体面"和"基准平面"两个选项。放置平面选定后，确定水平参考方向，如图 2-1-63 所示。确定水平参考方向后，选择两个面作为起始面和终止面，弹出如图 2-1-64 所示的"编辑参数"对话框。参数设置完成后，单击"确定"按钮，弹出"定位"对话框，设置适当的定位方式，确定矩形槽的位置，即可完成矩形槽的创建。

图 2-1-61 "槽"对话框

图 2-1-62 "矩形槽"对话框

图 2-1-63 "水平参考"对话框

键槽

图 2-1-64 矩形键槽参数设置对话框

②球形槽。球形槽需要定义，如图 2-1-65 所示，其中深度值必须大于球的半径。
③U 形键槽。U 形槽参数的定义如图 2-1-66 所示，其中深度值必须大于拐角半径的值。
④T 形槽。T 形键槽参数的定义如图 2-1-67 所示。

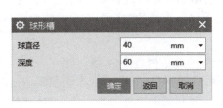

图 2-1-65 球形槽参数定义

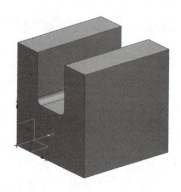

图 2-1-66　U 形槽参数定义

图 2-1-67　T 形槽参数定义

⑤燕尾槽。燕尾槽参数的定义如图 2-1-68 所示。

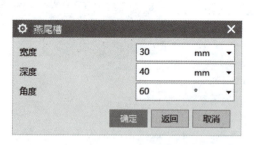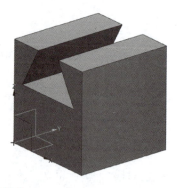

图 2-1-68　燕尾槽参数定义

（9）槽。"槽"选项如同车削操作中一个成形刀具在旋转部件上向内（从外部定位面）或向外（从内部定位面）移动，从而在实体上生成一个沟槽。该选项只在圆柱形或圆锥形的面上起作用。旋转轴是选中面的轴，沟槽在选择该面的位置（选择点）附近生成并自动连接到选中的面上。通常可以选择一个外部的或内部的面作为沟槽的定位面，沟槽的轮廓对称于通过的平面并垂直于旋转轴。

选择"菜单"→"插入"→"设计特征"→"槽"命令，弹出如图 2-1-69 所示的"槽"对话框。通过该对话框可创建矩形、球形端槽和 U 形槽三种类型的槽。在该对话框中选择槽的类型后，选择放置面（圆柱面或圆锥面）设置槽的特征参数，然后进行定位，并输入位置参数,再单击"确定"按钮,完成槽的创建。

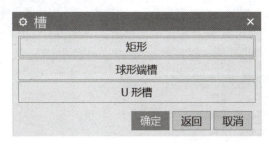

图 2-1-69　"槽"对话框

①矩形槽。矩形槽参数的定义如图 2-1-70 所示,需要有两个参数,即"槽直径"和"宽度"。

图 2-1-70　矩形沟槽参数定义

②球形端槽。球形端槽参数的定义如图 2-1-71 所示,需要定义"槽直径"和"球直径"两个参数。

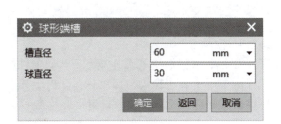 

图 2-1-71　球形槽参数定义

③U 形槽。U 形槽参数的定义如图 2-1-72 所示,需要定义"槽直径""宽度"和"角半径"三个参数。U 形槽宽度应该大于两倍的角半径。

图 2-1-72　U 形槽参数定义

(10)螺纹。选择"菜单"→"插入"→"设计特征"→"螺纹"命令，或者选择"主页"选项卡，单击"特征"组→"更多"库→"螺纹刀"按钮，弹出如图2-1-73所示的"螺纹切削"对话框。系统提供了两种螺纹的创建形式："符号"和"详细"。"符号"螺纹如图2-1-74所示。

图2-1-73 "螺纹"对话框

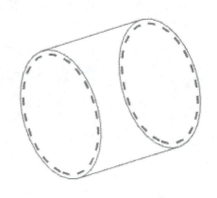

图2-1-74 "符号"螺纹

①符号。该命令为系统默认命令，用于创建符号螺纹。"符号"螺纹，即符号性的螺纹，它用虚线表示螺纹而不显示螺纹实体，在工程图中用于表达螺纹与螺纹标注，由于其不生成螺纹实体，因此计算量小、生成速度快。用户根据需要进行所需参数的设置后，单击"确定"按钮即可。其参数设置主要有以下几项。

a. 大径：用于进行螺纹大径的设置。当用户定义完操作对象后，其文本框将会显示系统默认的数值，此默认数值是根据用户所定义的圆柱面与螺纹的形式由系统自动计算而得的，用户可以根据需要进行设置。

b. 小径：用于进行螺纹小径的设置。当用户定义完操作对象后，其文本框会显示系统默认的数值，此默认数值是根据用户所定义的圆柱面与螺纹的形式由系统自动计算而得的，用户也可以根据需要进行设置。

c. 螺距：用于进行螺距的设置。当用户定义完操作对象后，其文本框会显示系统默认的数值。此默认数值是根据用户所定义的圆柱面与螺纹的形式由系统自动计算而得的，用户可以根据需要进行设置。

d. 角度：用于进行螺纹牙型角的设置。当用户定义完操作对象后，其文本框将会显示系统默认的数值。此默认数值为螺纹标准值60°，用户可以根据需要进行设置。

e. 标注：用于标记螺纹。当用户定义完操作对象后，其文本框将会显示系统默认的数值，用户可以根据需要对其进行设置。

　　f. 螺纹钻尺寸：用于进行外螺纹轴尺寸或内螺纹钻孔尺寸的设置，当用户定义完操作对象后，其文本框将会显示系统默认的数值，用户可以根据需要对其进行设置。

　　g. 方法：用于进行螺纹加工方式的设置，系统为用户提供了 4 种螺纹加工方式，即切削、轧制、研磨、铣削，用户可以根据需要进行设置。

　　h. 成形：用于进行螺纹标准的设置，用户可以根据需要对其进行设置，系统默认为公制。

　　i. 螺纹头数：用于进行螺纹单头或多头头数的设置，系统默认值为 1。

　　j. 锥孔：用于进行螺纹是否拔模的设置。

　　k. 完整螺纹：用于指定螺纹在整个定义圆柱面上创建的设置，当用户选择此命令，对所创建的圆柱体进行长度参数的改变时，螺纹也将会进行自动更改。

　　l. 长度：用于进行螺纹长度的设置。当用户定义完操作对象后，其文本框将会显示系统默认的数值，且螺纹长度从用户定义的起始面开始计算，用户也可以根据需要对其进行设置。

　　m. 手工输入：用于通过键盘进行螺纹参数的设置。

　　n. 从表格中选择：用于指定螺纹参数的设置，即从系统螺纹参数表中进行选择。

　　o. 旋转：用于进行螺纹旋转方式的设置。系统提供了两种旋转方式，即左旋螺纹与右旋螺纹，用户可以根据需要进行选择。

　　p. 选择起始：用于进行螺纹创建起始位置的设置，用户可以根据需要进行螺纹起始平面的定义，可以是实体表面或基准平面等。

　　②详细。该命令为系统选择命令，用于创建"详细"的螺纹。"详细"的螺纹将创建螺纹实体，因此计算量大、生成速度慢，当用户单击"详细"选项后，系统将会弹出如图 2-1-75 所示的"螺纹"对话框。"详细"螺纹如图 2-1-76 所示，用户根据需要进行所需参数的设置后，单击"确定"按钮。

图 2-1-75　"螺纹"对话框

图 2-1-76　"详细"螺纹

　　a. 大径：用于进行螺纹大径的设置，当用户定义完操作对象后，其文本框将会显示系统默认的数值，此默认数值是根据用户所定义的圆柱面与螺纹的形式由系统自动计算而得的，用户可以根据需要对其进行所需参数的设置。

　　b. 小径：用于进行螺纹小径的设置，当用户定义完操作对象后，其文本框将会显示系统默认的数值，此默认数值是根据用户所定义的圆柱面与螺纹的形式由系统自动计算而得的，用户可以根据需要对其进行所需参数的设置。

c. 长度：用于进行螺纹长度的设置，当用户定义完操作对象后，其文本框将会显示系统默认的数值，且螺纹长度从用户定义的起始面开始计算，用户可以根据需要对其进行所需参数的设置。

d. 螺距：用于进行螺距的设置，当用户定义完操作对象后，其文本框将会显示系统默认的数值，此默认数值是根据用户所定义的圆柱面与螺纹的形式由系统自动计算而得的，用户可以根据需要对其进行所需参数的设置。

e. 角度：用于进行螺纹牙型角的设置，当用户定义完操作对象后，其文本框将会显示系统默认的数值，此默认数值为螺纹标准值60°，用户可以根据需要对其进行所需参数的设置。

f. 旋转：用于进行螺纹旋转方式的设置，系统提供了两种旋转方式，即左旋螺纹与右旋螺纹，用户可以根据需要对其进行选择设置。

g. 选择起始：用于进行螺纹创建起始位置的设置，用户可以根据需要进行螺纹起始平面的定义，可以是实体表面或基准平面等。

（11）管道。

管道特征是将圆形横截面沿着一个或多个相切连续的曲线扫掠而生成实体，当内径大于0时生成管道。

选择"菜单"→"插入"→"扫掠"→"管"命令，弹出如图2-1-77所示的"管"对话框，在"路径"选项中，单击作为管道路径的曲线，在"横截面"选项中输入管道外径和内径的值。管道内径可以为0，但管道外径必须大于0，外径必须大于内径。创建管道结果如图2-1-78所示。

图2-1-77　"管"对话框

图2-1-78　创建管道结果

六、细节特征

1. 边倒圆

"边倒圆"操作用于实体边缘去除材料或添加材料，使实体上的尖锐边缘变成圆角过渡曲面。选择"菜单"→"插入"→"细节特征"→"边倒圆"命令，或单击"主页"选项卡，选择"特征"组中的"边倒圆"按钮，可以将选择的实体边缘线变为圆角过渡。"边倒圆"对话框如图2-1-79所示。

（1）创建半径恒定的边倒圆。选择"边倒圆"命令，选择要倒圆的边，并在"半径"文本框中输入边倒圆的半径值，单击"确定"按钮。结果如图 2-1-80 所示。

（2）创建可变半径的边倒圆。选择"边倒圆"命令，选择实体的一条或多条边缘线，展开"变半径"选项，再单击按钮，弹出"点"对话框，或者单击右侧的下拉箭头，从列表中选择点类型；指定可变点后，在对话框中设定"半径"和"%圆弧长"来确定倒圆半径和可变半径的位置，也可以在工作区直接拖拉可变半径及其手柄来改变可变半径点的位置和倒角半径，如图 2-1-81 所示。重复上述过程，可定义多个可变半径点，最后单击"应用"按钮即可。

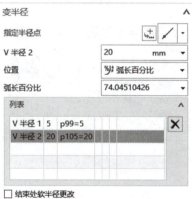

图 2-1-79　"边倒圆"对话框　　　　图 2-1-80　恒半径倒圆角

图 2-1-81　创建可变半径的边倒圆

2. 倒斜角

倒斜角是在尖锐的实体边上通过偏置的方式形成斜角。斜角在机械零件上很常用，为了避免应力和锐角伤人，通常需要倒斜角。选择"菜单"→"插入"→"细节特征"→"倒斜角"命令，或选择"主页"选项卡，单击"特征"组中的"倒斜角"按钮 ，可以在实体上创建简单的斜边。"倒斜角"对话框如图 2-1-82 所示，该对话框提供了 3 种倒角方式。

（1）对称。从选定边开始沿着两表面上的偏置值是相同的，如图 2-1-83 所示。

（2）非对称。从选定边开始沿着两表面上的偏置值不相等，需要指定两个偏置值，如图 2-1-84 所示。

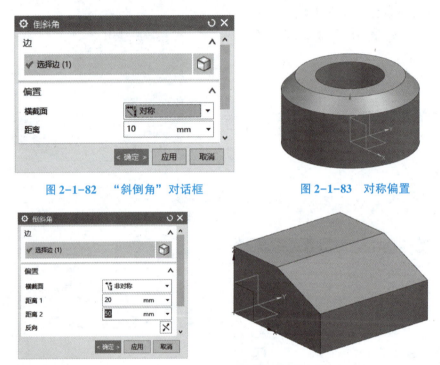

图 2-1-82　"斜倒角"对话框　　　图 2-1-83　对称偏置

图 2-1-84　非对称偏置

（3）偏置和角度。从选定边开始沿着两表面上的偏置值不相等，需要指定一个偏置值和一个角度，如图 2-1-85 所示。

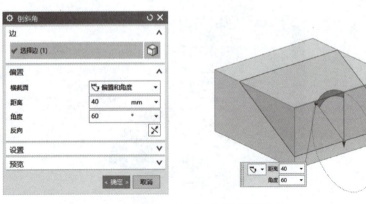

图 2-1-85　偏置和角度

3. 拔模

在铸造和塑料模具设计中，为了顺利脱模，必须将"直边"沿开模方向添加一定的拔模斜度。通过"拔模"选项，可以相对于指定矢量和可选的参考点将拔模应用于面或边。

选择"菜单"→"插入"→"细节特征"→"拔模"命令，或选择"主页"选项卡，单击"特征"组中的"拔模"按钮 ，弹出如图2-1-86所示的"拔模"对话框。

图2-1-86 "拔模"对话框

（1）"面"拔模。在执行"从平面拔模"命令时，固定平面（或称拔模参考点）定义了垂直于拔模方向拔模面上的一个截面，实体在该截面上不因拔模操作而改变。

操作步骤：选择"面"拔模，指定ZC轴为脱模方向，选择底平面为固定面、侧面为拔模面，设定拔模角度，单击"确定"按钮，完成拔模，如图2-1-87所示。

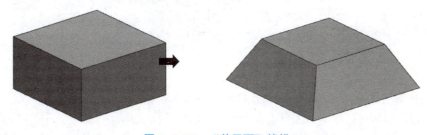

图2-1-87 "从平面"拔模

（2）"边"拔模。通常情况下，当需要拔模的边不包含在垂直于方向矢量的平面内时，这个选项特别有用。选择ZC轴为脱模方向，选择下表面边缘为固定边缘，设定拔模角度，单击"确定"按钮,结果如图2-1-88所示。

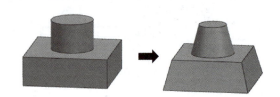

图2-1-88 边拔模

七、关联复制特征

1. 抽取几何特征

"抽取几何特征"操作可通过复制一个面、一组面或另一个体来创建体。选择"菜单"→"插入"→"关联复制"→"抽取几何特征"命令,弹出如图2-1-89所示的"抽取几何特征"对话框,在"类型"选项区中常用的有"面""面区域"和"体"等。

(1)面。该方式可以将选取的实体或片体表面抽取为片体。例如,抽取类型为"面",在提示下选择面参照,在"设置"选项区中选中"隐藏原先的"复选框,单击"确定"按钮,结果如图2-1-90所示。

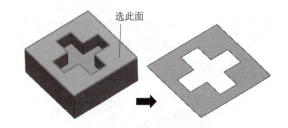

图2-1-89 "抽取几何特征"对话框　　图2-1-90 抽取单个面

(2)面区域。该方式可以在实体中选取种子面和边界面。种子面是区域中的起始面,边界面是用来对选取区域进行界定的一个或多个表面,即终止面。选择"类型"中的"面区域"选项,然后选择如图2-1-91所示的腔体底面为种子面,选择上表面为终止面,在"设置"选项区中选中"隐藏原先的"复选框,单击"确定"按钮,即可创建抽取面区域的片体特征。

(3)体:该方式可以对选择的实体或片体进行复制操作,复制的对象和原来的对象相关。

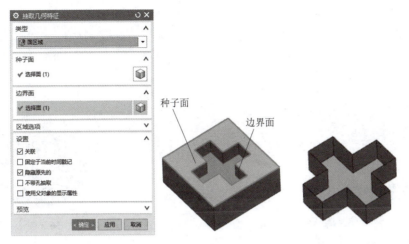

图 2-1-91 抽取面区域

2. 阵列特征

在建模模块中,选择"菜单"→"插入"→"关联复制"→"阵列特征"命令,弹出"阵列特征"对话框,可以根据现有特征创建线性阵列和圆形阵列。

(1) 线性阵列。在弹出的"阵列特征"对话框"选择特征(1)"中选择本例中已有模型(见图 2-1-92)中的方孔,在"布局"下拉列表框中选择"线性"选项,在"边界定义"选项组的"方向 1"子选项组中选择"XC 轴"图标,"间距"选项为"数量和间隔","数量"为"4","节距"为"22";在"方向 2"子选项组中勾选"使用方向 2"复选框,选择"YC 轴"图标,"间距"选项也为"数量和间隔","数量"为"4","节距"为"22"。单击"确定"按钮,完成线性阵列操作,结果如图 2-1-93 所示。

图 2-1-92 已有模型　　　图 2-1-93 创建的矩形阵列效果

(2) 圆形阵列。在弹出的"阵列特征"对话框中,"选择特征"选项选择本例中已有模型(见图 2-1-94)中的孔,在"布局"下拉列表框中选择"圆形"选项,在"旋转轴"选项区中选择"ZC 轴",从"指定点"下拉列表框中选"圆弧中心/椭圆中心/球心",并在模型中选择圆的边,在"斜角方向"选项区中,"间距"设置为"数量和跨距","数量"为"6","跨角"为"360",如图 2-1-95 所示。单击"确定"按钮,结果如图 2-1-96 所示。

图 2-1-94　已有模型　　　图 2-1-95　"阵列特征"圆形对话框　　　图 2-1-96　圆形阵列效果

3. 镜像特征

"镜像特征"操作可以通过基准平面或平面镜像选定的特征，以创建对称的模型。操作步骤：选择"菜单"→"插入"→"关联复制"→"镜像特征"命令 ，弹出"镜像特征"对话框，如图 2-1-97 所示。选择需要镜像的特征，再选择 XY 平面为镜像平面，单击"确定"按钮，完成操作，结果如图 2-1-98 所示。

图 2-1-97　"镜像特征"对话框　　　图 2-1-98　创建镜像特征示例

4. 镜像几何体

"镜像几何"体操作可以通过基准平面镜像选定的体。操作步骤：选择"菜单"→"插入"→"关联复制"→"镜像几何体"命令 ，弹出"镜像几何体"对话框，如图 2-1-99 所示。选择需要镜像的体，在"镜像平面"选项区中选择"基准平面"，单击"确定"按钮，结果如图 2-1-100 所示。

图 2-1-99　"镜像几何体"对话框　　　图 2-1-100　创建镜像体示例

学有所思

(1) 在任务实施过程中,你遇到了哪些障碍?你是如何想办法解决这些困难的?

(2) 请你准确地说出在创建油壶盖和带轮中所使用的命令名称,以及它们的主要功能。你是如何理解工匠精神的?

拓展训练

(1) 图 2-1-101 所示为圆弧轴零件图,进行三维建模。

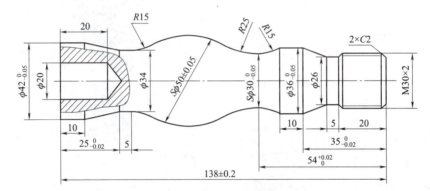

图 2-1-101 圆弧轴零件

(2) 对斜齿轮零件进行三维建模,如图 2-1-102 所示。

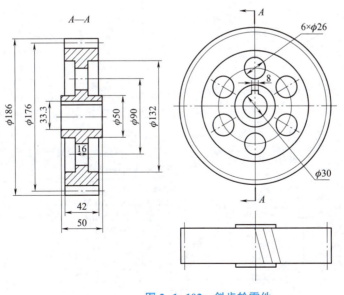

图 2-1-102 斜齿轮零件

（3）完成如图 2-1-103 所示分流阀零件三维模型的创建。

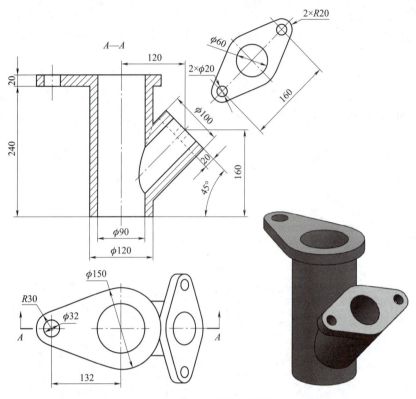

图 2-1-103　分流阀零件

（4）对阀体零件进行三维建模，如图 2-1-104 所示。

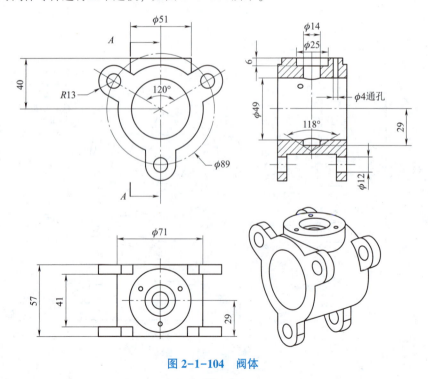

图 2-1-104　阀体

任务二　箱体零件三维模型的创建

学习目标

【技能目标】

1. 会应用 UG NX 12.0 进行箱体三维建模。
2. 会对中等复杂零件确定建模思路，熟练应用建模命令进行三维造型。

【知识目标】

1. 掌握设计特征中各命令的使用方法。
2. 掌握细节特征中各命令的使用方法。
3. 掌握关联复制中各命令的使用方法。

【态度目标】

1. 培养团结协作的精神和集体意识。
2. 培养责任意识，养成工匠精神。
3. 培养爱岗敬业、积极进取的品质。

工作任务

根据如图 2-2-1 所示箱体零件尺寸参数，分析零件形状特征，确定建模思路，用 UG NX 12.0 建模模块完成三维的创建。

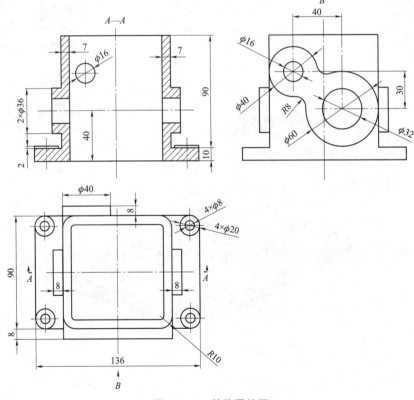

图 2-2-1　箱体零件图

任务实施

一、箱体三维建模

箱体

步骤 1. 建立新文件

启动 UG NX 12.0 软件，单击"文件"→"新建"按钮，弹出"新建"对话框，单位选择"毫米"，在文件"名称"文本框中输入"箱体"，选择文件存盘的位置，单击"确定"按钮，进入建模模块。

步骤 2. 创建箱体底座

（1）单击"菜单"→"插入"→"设计特征"→"长方体"按钮，弹出"长方体"对话框（见图 2-2-2），类型选择"原点和边长"，指定点坐标为（-68，-45，0），如图 2-2-3 所示，创建箱体底板为 136 mm×90 mm×10 mm 的长方体，如图 2-2-4 所示。

图 2-2-2　"长方体"对话框　　　　图 2-2-3　"点"对话框

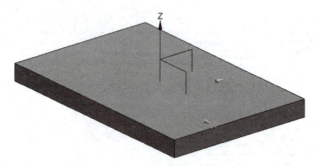

图 2-2-4　箱体底板

步骤 3. 创建腔体

（1）单击"特征"组中的"拉伸"按钮，弹出"拉伸"对话框，单击"绘制截面"按钮，选择底板上表面创建草图（见图 2-2-5），拉伸高度为 90 mm，布尔运算为"合并"，如图 2-2-6 所示。

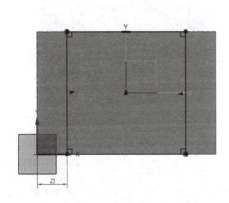

图 2-2-5　草图绘制

图 2-2-6　"拉伸"对话框参数设置

（2）利用"拉伸"命令，选择长方体上表面的边线向内偏置 7 mm（见图 2-2-7），往下拉伸至贯通，并做"减去"布尔运算，结果如图 2-2-8 所示。

图 2-2-7　"拉伸"对话框参数设置

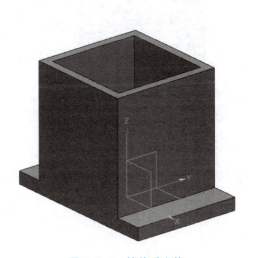

图 2-2-8　拉伸后实体

步骤 4. 创建细节特征边倒圆

对边创建倒圆角。单击"特征"组中的"边倒圆"按钮 ，弹出"边倒圆"对话框（见图 2-2-9），对外轮廓锐角倒 $R10$ mm 圆角，方形孔内倒 $R3$ mm 圆角，结果如图 2-2-10 所示。

 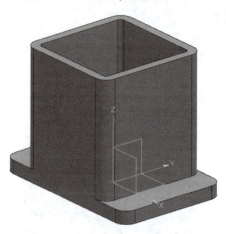

图 2-2-9 "边倒圆"对话框参数设置　　　图 2-2-10 创建边倒圆

步骤 5. 创建凸台

（1）创建正面凸台。单击"特征"组中的"拉伸"按钮 ，弹出"拉伸"对话框，单击"绘制截面"按钮 ，选择侧面创建草图（见图 2-2-11），在"拉伸"对话框中输入数据及选项（见图 2-2-12），选择对象为 $R10$ mm 圆弧面，完成后图形如图 2-2-13 所示。

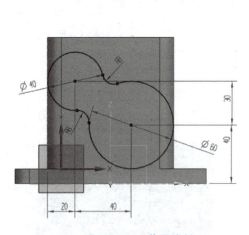 

图 2-2-11 草图绘制　　　图 2-2-12 "拉伸"参数

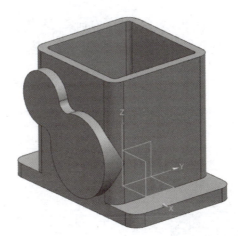

图 2-2-13　正面凸台

（2）创建侧面凸台。使用"拉伸"命令，选择箱体侧面创建 $\phi36$ mm、高 7 mm 凸台（见图 2-2-14），设置"拉伸"参数（见图 2-2-15），并做布尔运算"合并"，结果如图 2-2-16 所示。单击"特征"→"更多"→"镜像特征"按钮，选择"镜像平面"为 YZ 平面，镜像刚创建的凸台，如图 2-2-17 所示。

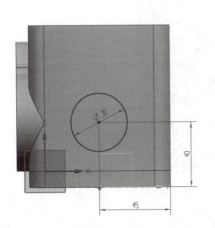

图 2-2-14　草图绘制

图 2-2-15　"拉伸"参数

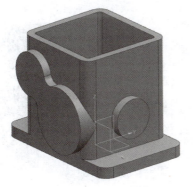

图 2-2-16　创建侧面凸台

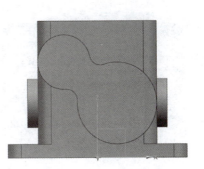

图 2-2-17　镜像侧面凸台

（3）创建背面凸台。使用"拉伸"命令，选择背面创建草图（见图2-2-18），在"拉伸"对话框中输入数据及选项，创建ϕ40 mm、高8 mm凸台（见图2-2-19），选择对象为R10 mm圆弧面，完成后图形如图2-2-20所示。

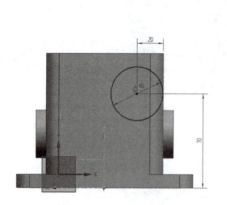

图2-2-18　草图绘制

图2-2-19　"拉伸"参数

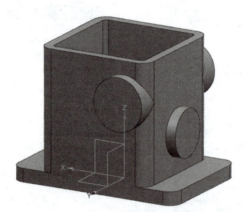

图2-2-20　创建背面凸台

（4）创建底板凸台。使用"拉伸"命令，选择底板上表面创建草图（见图2-2-21），在"拉伸"对话框中输入数据及选项，创建ϕ20 mm、高2 mm凸台，完成后图形如图2-2-22所示。

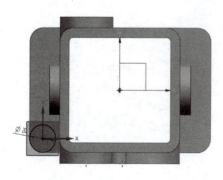

图2-2-21　草图绘制

图2-2-22　创建底板凸台

（5）单击"菜单"→"插入"→"关联复制"→"阵列特征"按钮，选择刚创建的底板凸台进行阵列（见图 2-2-23），完成后图形如图 2-2-24 所示。

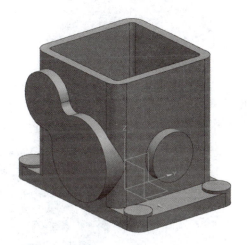

图 2-2-23 "阵列特征"参数

图 2-2-24 阵列凸台

步骤 6. 创建简单孔

（1）单击"菜单"→"插入"→"设计特征"→"孔"按钮，弹出"孔"对话框，选择"类型"为"常规孔"，"成形"为"简单孔"（见图 2-2-25），选择箱体底板上表面凸台圆心，完成 4 个 $\phi 8$ mm 通孔，如图 2-2-26 所示。

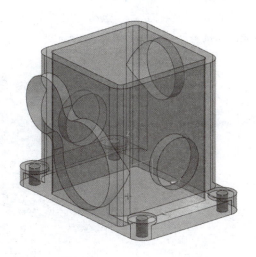

图 2-2-25 "孔"对话框

图 2-2-26 4 个 $\phi 8$ mm 通孔

（2）使用"孔"命令，完成1个φ32 mm通孔，如图2-2-27所示。

（3）使用"孔"命令，完成2个φ16 mm通孔，如图2-2-28所示。

图 2-2-27　1个 φ32 mm 通孔　　　　图 2-2-28　2个 φ16 mm 通孔

（4）使用"孔"命令，完成2个φ20 mm通孔，如图2-2-29所示。

图 2-2-29　2个 φ20 mm 通孔

步骤 7. 隐藏不需要显示的曲线

完成阶梯轴零件的实体造型。选择"编辑"→"显示和隐藏"命令，系统弹出"显示和隐藏"对话框，隐藏基准轴，效果如图2-2-30所示。

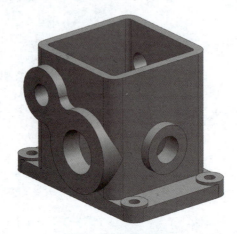

图 2-2-30　隐藏基准

步骤8. 保存文件

选择菜单栏"文件"→"保存"命令，保存箱体零件的实体。

> **相关知识**

一、曲线设计

1. 螺旋

螺旋线是机械上常见的一种曲线，主要用于弹簧上。单击"菜单"→"插入"→"曲线"→"螺旋"按钮，弹出如图2-2-31所示的"螺旋"对话框。指定方位，确定螺旋线旋转半径的方式及大小、螺距、长度、旋转方向（即左旋或右旋），单击"确定"按钮，系统即可创建螺旋线，如图2-2-32所示。

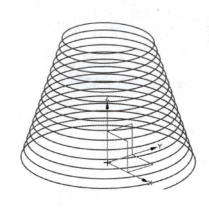

图2-2-31 "螺旋"对话框　　　　图2-2-32 螺旋线

2. 文本曲线

UG NX 12.0提供了3种文本创建方式，分别是"平面副""曲线上""面上"。

（1）"平面副"文本是指在固定平面上创建文本。单击"菜单"→"插入"→"曲线"→"文本"按钮 **A**，弹出"文本"对话框，如图2-2-33所示，在"类型"选项中默认为"平面副"，在工作窗口中单击一点作为文本放置点；在"文本属性"文本框中输入文本内容，设置字体其他属性，通过"点构造器"或捕捉方式确定锚点放置位置；在"尺寸"参数选项中输入长度、高度和剪切角度，或通过调整箭头来调整尺寸大小，如图2-2-34所示，最后单击"确定"按钮即可。

（2）"曲线上"文本是指创建的文本绕着曲线的形状产生。单击"菜单"→"插入"→

"曲线"→"文本"按钮，弹出"文本"对话框，在"类型"选项中选择"曲线上"，如图2-2-35所示，在工作区选择放置曲线，在对话框中设置文本各项参数，创建方法如图2-2-36所示。

图2-2-33　"文本"对话框—"平面副"　　　图2-2-34　拖拉箭头调整文本尺寸

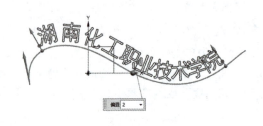

图2-2-35　"文本"对话框—"曲线上"　　　图2-2-36　创建曲线文本

(3)"面上"文本是指创建的文本投影到要创建文本的曲面上。在"文本"对话框中,"类型"选择"面上",如图2-2-37所示,然后在工作区选择放置面和曲线,在对话框中设置文本各项参数,在"设置"栏中勾选"投影曲线"选项,单击"确定"按钮,效果如图2-2-38所示。

图2-2-37 "文本"对话框—"面上"

图2-2-38 创建曲面文本

二、修剪特征

1. 修剪体

修剪体可以用面、基准平面或其他几何体修剪一个或多个目标体。如果使用片体来修剪实体,则此面必须完全贯穿实体,否则无法完成修剪操作。单击"菜单"→"插入"→"修剪"→"修剪体"按钮 ,弹出"修剪体"对话框,如图2-2-39所示。在绘图工作区中选择要修剪的实体对象为目标体,利用"选择面或平面(1)"按钮指定曲面为刀具,单击

图2-2-39 "修剪体"对话框

"反向"按钮，反向选择要移除的实体，效果如图 2-2-40 所示。

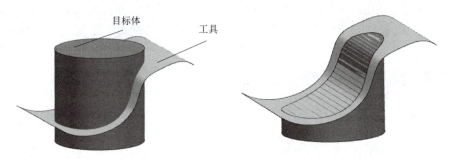

图 2-2-40　创建修剪体

2. 拆分体

拆分体可以用面、基准平面或其他几何体把一个实体分割成多个实体。分割后的结果是将原始的目标体根据选取的几何形状分割为两部分，在塑料模分模中经常用到。拆分后原来的参数全部消失，即分割后的实体将不能再进行参数化编辑。

单击"菜单"→"插入"→"修剪"→"拆分体"按钮，弹出"拆分体"对话框，如图 2-2-41 所示。在绘图工作区中选择要拆分的实体对象为目标体，利用"选择面或平面（1）"按钮选定基准平面为刀具，拆分效果如图 2-2-42 所示。

图 2-2-41　"拆分体"对话框

图 2-2-42　拆分效果

三、偏置/缩放

1. 抽壳

抽壳是从指定的平面向下移除一部分材料而形成的具有一定厚度的薄壁体。单击"菜单"→"插入"→"偏置/缩放"→"抽壳"按钮，或者单击"特征"组中的"抽壳"按钮，弹出如图 2-2-43 所示的"抽壳"对话框，抽壳操作有两种方式。

图 2-2-43 "抽壳"对话框

（1）移除面，然后抽壳：通过在实体上选择要移除的面，并以设置厚度的方式抽壳，即先选择要穿透的面，然后输入抽壳的厚度，结果如图 2-2-44 所示。

（2）对所有面抽壳：将整个实体生成一个没有开口的空腔，即先选择整个实体，然后设置抽壳的厚度，结果如图 2-2-45 所示。

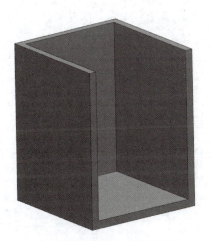

图 2-2-44 "移除面，然后抽壳"方式

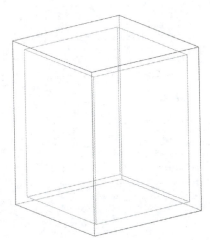

图 2-2-45 "对所有面抽壳"方式

2. 缩放体

该工具用于缩放实体或片体的大小，以改变对象尺寸或相对位置。无论缩放点在什么位置，实体或片体特征都会以该点为基准在形状尺寸和相对位置上进行相应的缩放。单击"菜单"→"插入"→"偏置/缩放"→"缩放体"按钮，弹出"缩放"对话框，选择不同的操作类型

会有不同的选择步骤提示。

（1）均匀：选取"类型"为"均匀"选项，然后选取一个实体特征，并指定缩放点，设置"比例因子"参数后即可完成距离缩放的创建，如图 2-2-46 所示。

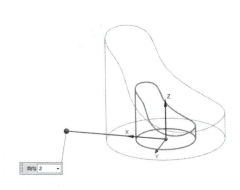

图 2-2-46　均匀缩放

（2）轴对称：可将实体沿着选取轴的垂直方向进行相应的放大或缩小，如图 2-2-47 所示。

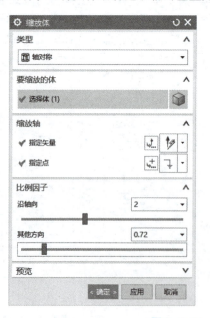
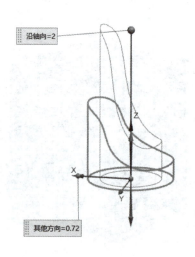

图 2-2-47　轴对称缩放

（3）不均匀：根据所设的比例因子，用不同的比例沿"X 向""Y 向""Z 向"对实体进行缩放，如图 2-2-48 所示。

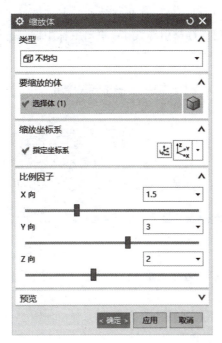 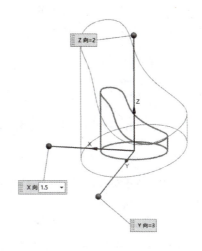

图 2-2-48　不均匀缩放

四、扫描特征

1. 扫掠

扫掠曲面是通过将曲线轮廓以预先描述的方式沿空间路径延伸，形成新的曲面。它需要使用引导线串和截面线串两种线串。延伸的轮廓线为截面线，路径为引导线串。截面线串可以是曲线、实体边或面，最多可以有150条，引导线串最多可选取3条。

选择"菜单"→"插入"→"扫掠"→"扫掠"命令 ，弹出"扫掠"对话框，如图 2-2-49 所示，截面中的"选择曲线（1）"为截面线串，"引导线"中的"选择曲线（1）"为引导线串。单击"确定"按钮，生成曲面，如图 2-2-50 所示。

图 2-2-49　"扫掠"对话框　　　　图 2-2-50　通过扫掠创建曲面

可以通过一条截面线和两条引导线进行扫掠生成曲面，打开"扫掠"对话框，选择截面线1；单击"引导线"中的"选择曲线（1）"按钮，选择引导线1；单击鼠标中键，选择引导线2。单击"确定"按钮，生成曲面，如图2-2-51所示。

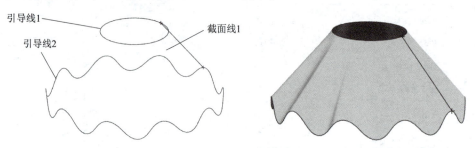

图 2-2-51　通过一条截面线和两条引导线进行扫掠生成曲面

2. 沿引导线扫掠

沿导线扫掠是将开放或封闭的边界草图、曲线、边缘或面，沿一个或一系列曲线扫描来创建实体或片体。

选择"菜单"→"插入"→"扫掠"→"沿引导线扫掠"命令，弹出如图2-2-52所示"沿引导线扫掠"对话框，单击需要扫掠的截面线，单击"引导线"中的"选择曲线（1）"按钮，单击引导线（扫掠路径），在"偏置"中输入"第一偏置"和"第二偏置"数值，最后单击"确定"按钮，如图2-2-53所示。

图 2-2-52　"沿引导线扫掠"对话框　　图 2-2-53　沿引导线扫掠生成曲面

学有所思

（1）在任务实施过程中，你遇到了哪些障碍？你是如何想办法解决这些困难的？

（2）请你准确地说出创建箱体零件过程中所使用的命令名称，以及它们的主要功能。你是如何记住这些命令名称和功能的？

拓展训练

（1）完成如图2-2-54所示阶梯盒零件三维模型的创建。

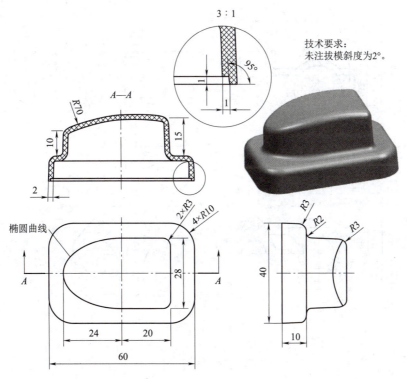

图 2-2-54 阶梯盒零件图

（2）完成如图 2-2-55 所示蜗轮蜗杆箱体零件三维模型的创建。

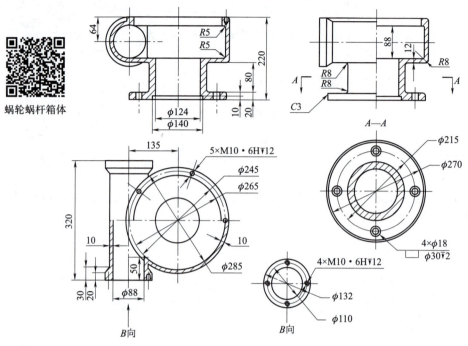

图 2-2-55　蜗轮蜗杆箱体零件图

（3）对泵体零件进行三维建模，如图 2-2-56 所示。

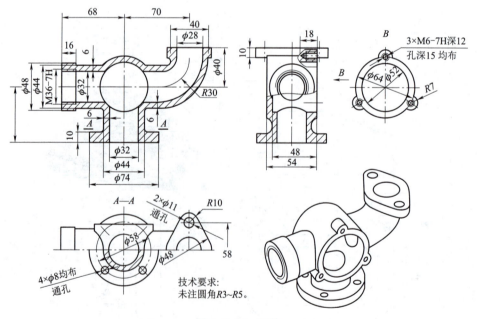

图 2-2-56　泵体

项目三 吊钩及轮毂零件外观曲面的创建

任务一 吊钩外观曲面的创建

学习目标

【技能目标】
1. 能熟练运用构图面、视角及构图深度,绘制出准确的三维线架模型。
2. 能熟练应用"扫掠""有界平面"等曲面造型命令进行曲面创建。

【知识目标】
1. 理解曲面造型的基本概念。
2. 掌握"扫掠""有界平面"等曲面造型命令。
3. 掌握产品曲面造型的创建方法。

【态度目标】
1. 具有规范化的操作习惯,树立安全生产意识及理念。
2. 具有积极钻研、科学严谨的工作态度。

工作任务

曲面设计功能是 UG 软件核心功能之一,可快速实现创建、编辑和优化复杂的三维曲面模型,广泛应用于工程机械、汽车造型、飞机轮船、生活产品等多种工业造型设计过程中。用户可以利用 UG 的曲面设计功能,设计出复杂、光顺的自由曲面形状,实现数字化造型的设计和验证,以解决实际的产品工程问题。本任务将应用 UG 中的"扫掠""有界平面"等曲面造型命令,完成工程起重机吊钩外观曲面的创建。吊钩的工程图如图 3-1-1 所示。

任务实施

第一阶段:完成吊钩平面草图

步骤 1. 建立新文件

启动 UG,选择"菜单"→"文件"→

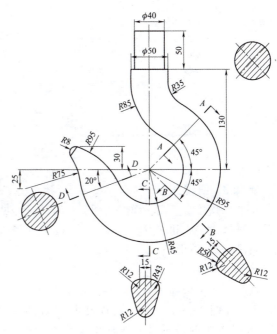

图 3-1-1 吊钩的工程图

"新建"命令,打开"新建"对话框,在对话框的"名称"文本框中输入"吊钩",并指定要保存到的文件夹,单击对话框中的"确定"按钮,如图3-1-2所示。

吊钩零件外观曲面的创建1

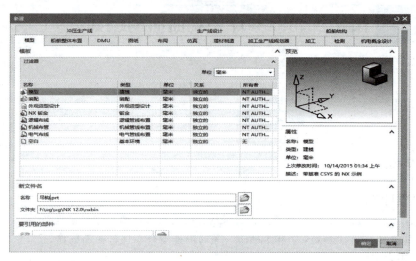

图3-1-2 吊钩创建草图

步骤2. 创建草图

选择"菜单"→"插入"→"草图"命令,弹出"创建草图"对话框,如图3-1-3所示。在"创建草图"对话框中,"草图类型"栏为"在平面上";"草图坐标系"栏指定坐标系为"自动判断",点选XY平面(见图3-1-4),单击"确定"按钮,进入草图绘制模式。

图3-1-3 "创建草图"对话

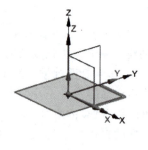

图3-1-4 选择草绘平面

步骤3. 创建圆弧

单击"圆弧"按钮,弹出"圆弧"对话框(见图3-1-5),在"圆弧"对话框的"圆弧方法"栏选择"中心和端点定圆弧",在XY平面视图中选择草图原点为中心,按照图纸大致轮廓绘制两段圆弧,如图3-1-6所示。

步骤4. 标注尺寸

选择"菜单"→"插入"→"草图约束"→"尺寸"→"径向"命令,弹出"径向尺寸"对话框(见图3-1-7),在"径向尺寸"对话框"参考"栏中选择"选择对象",鼠标依次点选XY平面视图中两段圆弧,修改圆弧半径尺寸。其中,内圆弧半径为45 mm,外圆弧半径为95 mm,如图3-1-8所示。

图3-1-5 "圆弧"对话框

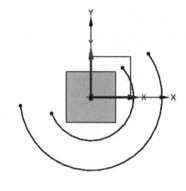

图3-1-6 绘制圆弧

图3-1-7 "径向尺寸"对话框

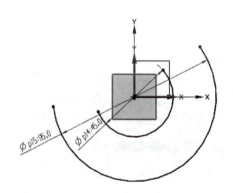

图3-1-8 标注圆弧尺寸

步骤5. 创建圆弧

选择"菜单"→"插入"→"草图曲线"→"圆弧"命令,或者单击"圆弧"按钮,弹出"圆弧"对话框,在"圆弧"对话框"圆弧方法"栏中选择"三点定圆弧"(见图3-1-9),在 XY 平面视图中,选择步骤3创建的圆弧端点为起始点,按照图纸大致轮廓绘制两段圆弧,如图3-1-10所示。

图3-1-9 "圆弧"对话框

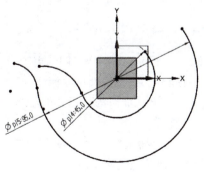

图3-1-10 创建圆弧

步骤 6. 创建圆角

选择"菜单"→"插入"→"草图曲线"→"圆角"命令,弹出"圆角"对话框,在"圆角"对话框"圆角方法"栏中,选择"修剪"(见图 3-1-11),依次选择步骤 5 创建的两段圆弧,创建圆角,如图 3-1-12 所示。

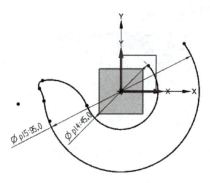

图 3-1-11 "圆角"对话框   图 3-1-12 创建圆角

步骤 7. 标注尺寸

选择"菜单"→"插入"→"草图约束"→"尺寸"→"径向"命令,弹出"径向尺寸"对话框(见图 3-1-13),在"径向尺寸"对话框"参考"栏中选择"选择对象",鼠标依次点选步骤 5 创建的两段圆弧及圆角,修改圆弧半径尺寸,其中,上圆弧半径为 95 mm,下圆弧半径为 75 mm,圆角半径为 8 mm,如图 3-1-14 所示。

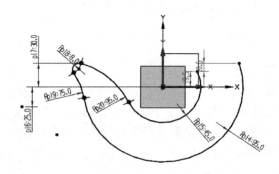

图 3-1-13 "径向尺寸"对话框   图 3-1-14 标注尺寸

选择"菜单"→"插入"→"草图约束"→"尺寸"→"线性"命令,弹出"线性尺寸"对话框(见图 3-1-15),进行线性尺寸标注,其中步骤 5 上圆弧端点与草图原点的竖直尺寸为 30 mm,下圆弧圆心与草图原点的竖直尺寸为 25 mm,如图 3-1-16 所示。

步骤 8. 创建直线

选择"菜单"→"插入"→"草图曲线"→"直线"命令,弹出"直线"对话框(见图 3-1-17),按照图纸大致轮廓绘制吊钩上部直线,如图 3-1-18 所示。

图 3-1-15 "线性尺寸"对话框

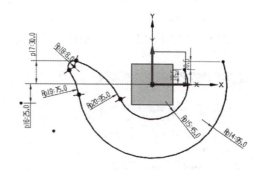

图 3-1-16 标注尺寸

图 3-1-17 "直线"对话框

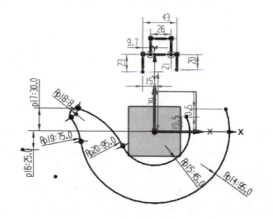

图 3-1-18 创建直线

步骤 9. 倒圆角

选择"菜单"→"插入"→"草图曲线"→"圆角"命令,弹出"圆角"对话框(见图 3-1-19),在"圆角"对话框"圆角方法"栏中选择"修剪",依次选择步骤 1 创建的两段圆弧与直线,倒圆角,如图 3-1-20 所示。

图 3-1-19 "几何约束"对话框

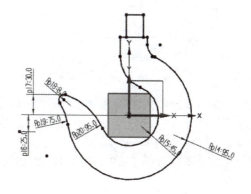

图 3-1-20 选择草绘平面

步骤 10. 中点约束

选择"菜单"→"插入"→"草图约束"→"几何约束"命令,弹出"几何约束"对话框(见图3-1-21),在"几何约束"对话框"约束"栏中,选择"中点",依次选择步骤8创建的两条直线与草图原点,使吊钩上部直线相对草图原点对称分布,如图3-1-22所示。

图 3-1-21 "几何约束"对话框

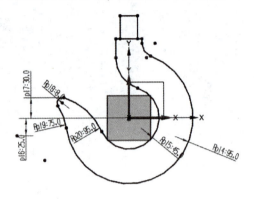

图 3-1-22 选择草绘平面

步骤 11. 标注尺寸

选择"菜单"→"插入"→"草图约束"→"尺寸"→"线性"命令,弹出"线性尺寸"对话框,进行线性尺寸标注,其中步骤8中两条水平直线段距离50 mm,上水平直线段长度为40 mm,下水平直线段长度为50 mm,下水平直线段与草图原点的竖直距离为130 mm,如图3-1-23所示。

选择"菜单"→"插入"→"草图约束"→"尺寸"→"径向"命令,弹出"径向尺寸"对话框,鼠标依次点选步骤9创建的两段圆弧,修改圆弧半径尺寸,其中,右圆弧半径为35 mm,左圆弧半径为85 mm,如图3-1-24所示。

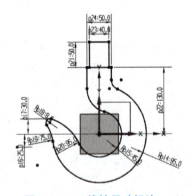

图 3-1-23 线性尺寸标注

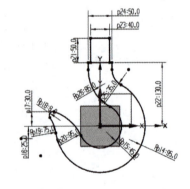

图 3-1-24 径向尺寸标注

步骤 12. 完成草图

选择"完成草图"命令,结束吊钩平面草图创建,如图3-1-25所示。

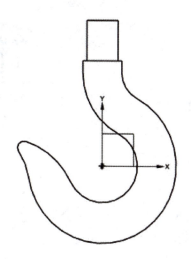

图 3-1-25　完成草图效果

步骤 13. 保存文件

单击菜单栏中"文件"→"保存"按钮，保存所绘草图。

第二阶段：完成吊钩截面草图

步骤 1. 创建基准曲面

选择"菜单"→"插入"→"基准/点"→"基准平面"命令，弹出"基准平面"对话框（见图 3-1-26），鼠标依次点选吊钩上直线段和 XY 平面，创建基准平面（2），如图 3-1-27 所示。

吊钩零件外观曲面的创建 2

图 3-1-26　"基准平面"对话框

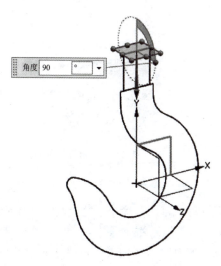

图 3-1-27　创建基准平面（2）

步骤 2. 创建草图

选择"菜单"→"插入"→"草图"，弹出"创建草图"对话框（见图 3-1-28），选定基准平面（2）后，单击"确定"按钮，创建草图（3），如图 3-1-29 所示。

图 3-1-28 "创建草图"对话框

图 3-1-29 创建草图（3）

步骤 3. 创建圆

选择"菜单"→"插入"→"草图曲线"→"圆"命令，弹出"圆"对话框，点选"圆心和直径定圆"（见图 3-1-30），选择吊钩上直线段中点为圆心、上直线段为直径，完成圆的创建，如图 3-1-31 所示。

图 3-1-30 "圆"对话框

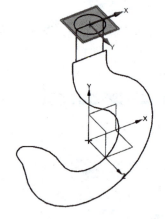

图 3-1-31 创建圆

步骤 4. 完成草图

选择"完成草图"命令，完成截面 1 的创建。

步骤 5. 创建基准曲面

选择"菜单"→"插入"→"基准/点"→"基准平面"命令，弹出"基准平面"对话框（见图 3-1-32），鼠标依次点选吊钩下直线段和 XY 平面，创建基准平面（4）。如图 3-1-33 所示。

步骤 6. 创建草图

选择"菜单"→"插入"→"草图"，弹出"创建草图"对话框，选定基准平面（4）后，单击"确定"按钮，创建草图（5）。

图 3-1-32 "基准平面"对话框

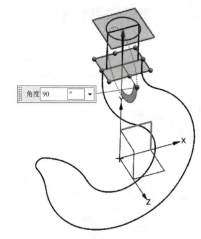

图 3-1-33 创建基准平面（4）

步骤 7. 创建圆

选择"菜单"→"插入"→"草图曲线"→"圆"命令，弹出"圆"对话框，点选"圆心和直径定圆"（见图 3-1-34），选择吊钩下直线段中点为圆心、下直线段为直径，创建圆，如图 3-1-35 所示。

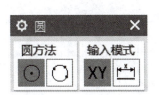

图 3-1-34 "圆"对话框

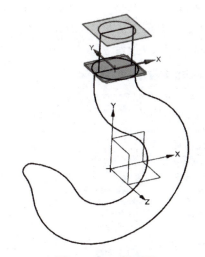

图 3-1-35 创建圆

步骤 8. 完成草图

选择"完成草图"命令，完成截面 2 的创建。

步骤 9. 创建基准曲面

选择"菜单"→"插入"→"基准/点"→"基准平面"命令，弹出"基准平面"对话框（见图 3-1-36），"类型"选择"二等分"，"第一平面"选择 XZ 平面，"第二平面"选择 YZ 平面，拖拽新建平面可视边界线至合适位置，单击"确定"按钮，创建基准平面（6）。如图 3-1-37 所示。

图 3-1-36 "基准平面"对话框

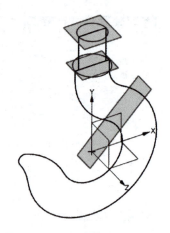

图 3-1-37 创建基准平面（6）

步骤 10. 创建点

选择"菜单"→"插入"→"基准/点"→"点"命令，弹出"点"对话框（见图3-1-38），"类型"选择"交点"，选择对象为基准平面（6），选择曲线为吊钩内圆曲线，单击"确定"按钮，创建点（7）。

选择"菜单"→"插入"→"基准/点"→"点"命令，弹出"点"对话框，"类型"选择"交点"，选择对象为基准平面（6），选择曲线为吊钩外圆曲线，单击"确定"按钮，创建点（8），如图3-1-39所示。

图 3-1-38 "点"对话框

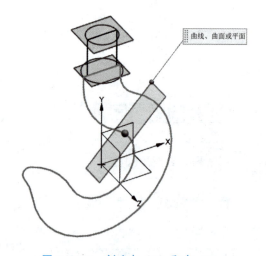

图 3-1-39 创建点（7）和点（8）

步骤 11. 创建草图

选择"菜单"→"插入"→"草图"，弹出"创建草图"对话框，选定基准平面（6）后，单击"确定"按钮，创建草图（9）。

步骤 12. 绘制参考线

选择"菜单"→"插入"→"草图曲线"→"直线"命令，弹出"直线"对话框（见图3-1-40），在"仅在工作部件内范围"下，分别点选点（7）和点（8），完成直线段的创建。

选择该直线段，右键选择"转化为参考"，转化为参考线 1，如图 3-1-41 所示。

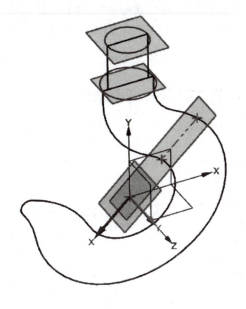

图 3-1-40 "直线"对话框　　　　图 3-1-41 绘制参考线 1

步骤 13. 创建圆

选择"菜单"→"插入"→"草图曲线"→"圆"命令（见图 3-1-42），弹出"圆"对话框，点选"圆心和直径定圆"，选择参考线 1 中点为圆心、参考线 1 为直径，创建圆，如图 3-1-43 所示。

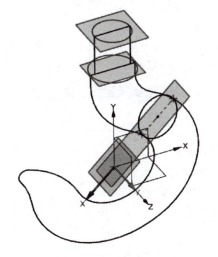

图 3-1-42 "圆"对话框　　　　图 3-1-43 创建圆

步骤 14. 完成草图

选择"完成草图"命令，完成截面 3 的创建。

步骤 15. 创建基准曲面

选择"菜单"→"插入"→"基准/点"→"基准平面"命令，弹出"基准平面"对话框

(见图3-1-44),在"类型"栏选择"二等分","第一平面"选择XZ平面,"第二平面"选择YZ平面,"平面方位"选择"备选解",生成合适的新平面,拖拽新建平面边界线至合适位置,单击"确定"按钮,创建基准平面(10),如图3-1-45所示。

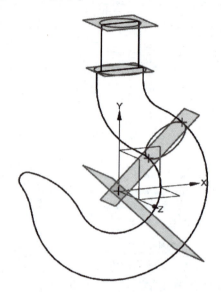

图3-1-44 "基准平面"对话框　　　　图3-1-45 创建基准平面(10)

步骤16. 创建点

选择"菜单"→"插入"→"基准/点"→"点"命令,弹出"点"对话框(见图3-1-46),"类型"选择"交点",选择对象为基准平面(10),选择曲线为吊钩内圆曲线,单击"确定"按钮,创建点(11)。

选择"菜单"→"插入"→"基准/点"→"点"命令,弹出"点"对话框,"类型"选择"交点",选择对象为基准平面(6),选择曲线为吊钩外圆曲线,单击"确定"按钮,创建点(12)。如图3-1-47所示。

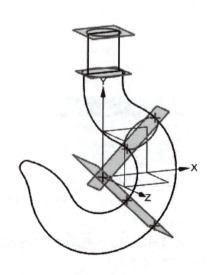

图3-1-46 "点"对话框　　　　图3-1-47 创建点(11)和点(12)

步骤 17. 创建草图

选择"菜单"→"插入"→"草图"命令,弹出"创建草图"对话框,选定基准平面(6)后,单击"确定"按钮,创建草稿(13)。

步骤 18. 绘制参考线

选择"菜单"→"插入"→"草图曲线"→"直线"命令,弹出"直线"对话框(见图 3-1-48),在"仅在工作部件内范围"下分别点选点(11)和点(12),完成直线段创建。选择该直线段,右键选择"转化为参考",转化为参考线 2,如图 3-1-49 所示。

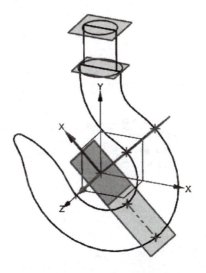

图 3-1-48 "直"线对话框　　　　图 3-1-49 绘制参考线 2

步骤 19. 创建圆

选择"菜单"→"插入"→"草图曲线"→"圆"命令,弹出"圆"对话框(见图 3-1-50),点选"圆心和直径定圆",按照图纸界面轮廓,依次建立相切的 4 个圆,如图 3-1-51 所示。

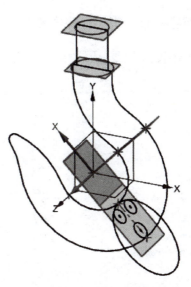

图 3-1-50 "圆"对话框　　　　图 3-1-51 创建圆

步骤 20. 绘制直线

选择"菜单"→"插入"→"草图曲线"→"直线"命令,弹出"直线"对话框(见图 3-1-52),分别绘制与内圆相切的 2 条直线,如图 3-1-53 所示。

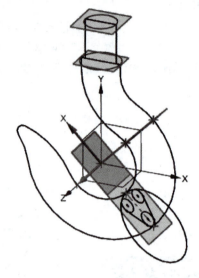

图 3-1-52　"直线"对话框　　　　图 3-1-53　绘制直线

步骤 21. 标注尺寸

选择"菜单"→"插入"→"草图约束"→"尺寸"→"径向"命令,弹出"径向尺寸"对话框(见图 3-1-54),鼠标依次点选步骤 19 创建的 3 个内圆,修改圆弧半径尺寸,半径为 24 mm。

选择"菜单"→"插入"→"草图约束"→"尺寸"→"线性"命令,弹出"线性尺寸"对话框,进行线性尺寸标注,其中步骤 19 创建的 2 个内圆圆心与参考线 2 的竖直距离均为 7.5 mm,如图 3-1-55 所示。

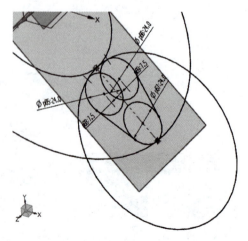

图 3-1-54　"径向尺寸"对话框　　　　图 3-1-55　标注尺寸

步骤 22. 快速修剪

选择"菜单"→"编辑"→"草图曲线"→"快速修剪"命令,弹出"快速修剪"对话框(见图 3-1-56),鼠标依次点选要修剪的曲线,关闭对话框,完成修剪,如图 3-1-57。

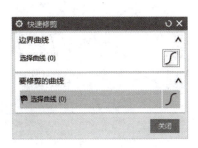
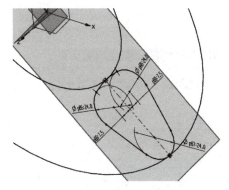

图 3-1-56 "快速修剪"对话框　　图 3-1-57 完成草图修剪

步骤 23. 完成草图

选择"完成草图"命令,完成截面 4 的创建。

步骤 24. 创建点

选择"菜单"→"插入"→"基准/点"→"点"命令,弹出"点"对话框(见图 3-1-58),"类型"选择"交点","选择对象"为 YZ 平面,"选择曲线"为吊钩内圆曲线,单击"确定"按钮,创建点(14)。

选择"菜单"→"插入"→"基准/点"→"点"命令,弹出"点"对话框,"类型"选择"交点","选择对象"为 YZ 平面,"选择曲线"为吊钩外圆曲线,单击"确定"按钮,创建点(15)。如图 3-1-59 所示。

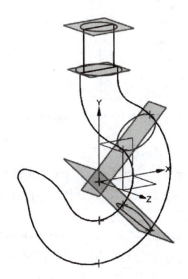

图 3-1-58 "点"对话框　　图 3-1-59 创建点(14)和点(15)

步骤 25. 创建草图

选择"菜单"→"插入"→"草图",弹出"创建草图"对话框(见图 3-1-60),选定 YZ 平面,单击"确定"按钮,创建草图(16),如图 3-1-61 所示。

图 3-1-60 "创建草图"对话框

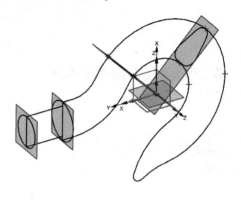

图 3-1-61 创建草图

步骤 26. 绘制参考线

选择"菜单"→"插入"→"草图曲线"→"直线"命令,弹出"直线"对话框(见图 3-1-62),在"仅在工作部件内范围"下分别点选点(14)和点(15),完成直线段创建。选择该直线段,右键选择"转化为参考",转化为参考线 3,如图 3-1-63。

图 3-1-62 "直线"对话框

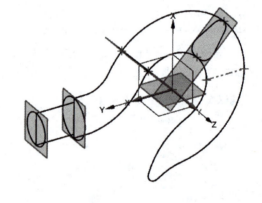

图 3-1-63 绘制参考线 3

步骤 27. 创建圆

选择"菜单"→"插入"→"草图曲线"→"圆"命令,弹出"圆"对话框(见图 3-1-64),点选"圆心和直径定圆",按照图纸界面轮廓依次建立相切的 4 个圆,如图 3-1-65 所示。

步骤 28. 绘制直线

选择"菜单"→"插入"→"草图曲线"→"直线"命令,弹出"直线"对话框(见图 3-1-66),分别绘制与内圆相切的 2 条直线,如图 3-1-67 所示。

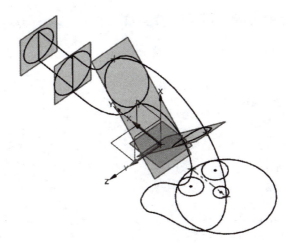

图 3-1-64 "圆"对话框　　　　图 3-1-65 创建圆

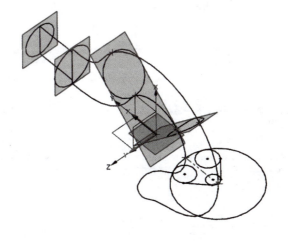

图 3-1-66 "直线"对话框　　　图 3-1-67 绘制直线

步骤 29. 标注尺寸

选择"菜单"→"插入"→"草图约束"→"尺寸"→"径向"命令,弹出"径向尺寸"对话框(见图 3-1-68),鼠标依次点选步骤 27 创建的 3 个内圆,修改圆弧半径尺寸,半径为 24 mm。

选择选择"菜单"→"插入"→"草图约束"→"尺寸"→"线性"命令,弹出"线性尺寸"对话框,进行线性尺寸标注,其中步骤 27 创建的 2 个内圆圆心与参考线 2 的竖直距离均为 7.5 mm,如图 3-1-69 所示。

步骤 30. 快速修剪

选择"菜单"→"编辑"→"草图曲线"→"快速修剪"命令,弹出"快速修剪"对话框(见图 3-1-70),鼠标依次点选要修剪的曲线,关闭对话框,完成修剪,如图 3-1-71 所示。

图 3-1-68　"径向尺寸"对话框

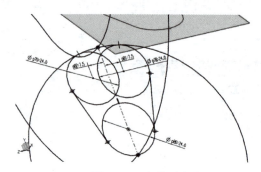
图 3-1-69　绘制直线

图 3-1-70　"快速修剪"对话框

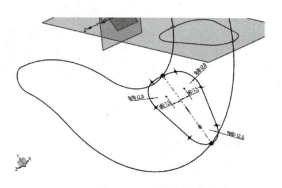
图 3-1-71　快速修剪

步骤 31. 完成草图

选择"完成草图"命令，完成截面 5 的创建。

步骤 32. 创建基准曲面

选择"菜单"→"插入"→"基准/点"→"基准平面"命令，弹出"基准平面"对话框（见图 3-1-72），"类型"选择"成一角度"，"第一平面"选择 XZ 平面，"通过轴"选择 Z 轴，"角度"设定为"-20°"，拖拽新建平面可视边界线至合适位置，单击"确定"按钮，完成基准平面（17）的创建，如图 3-1-73 所示。

步骤 33. 创建点

选择"菜单"→"插入"→"基准/点"→"点"命令，弹出"点"对话框（见图 3-1-74），类型选择"交点"，选择对象为基准平面（17），选择曲线为吊钩内圆曲线，单击"确定"按钮，创建点（18）。

选择"菜单"→"插入"→"基准/点"→"点"命令，弹出"点"对话框，"类型"选择"交点"，"选择对象"为基准平面（17），"选择曲线"为吊钩外圆曲线，单击"确定"按钮，创建点（19），如图 3-1-75 所示。

图 3-1-72 "基准平面"对话框

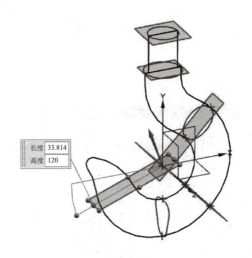

图 3-1-73 创建基准平面（17）

图 3-1-74 "点"对话框

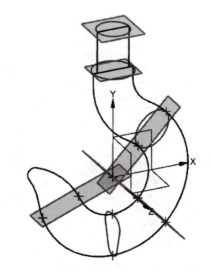

图 3-1-75 创建点（18）、点（19）和点（20）

步骤 34. 创建草图

选择"菜单"→"插入"→"草图",弹出"创建草图"对话框（见图 3-1-76）,选定基准平面（17）后,单击"确定"按钮,创建草图（20）,如图 3-1-77 所示。

步骤 35. 绘制参考线

选择"菜单"→"插入"→"草图曲线"→"直线"命令,弹出"直线"对话框（见图 3-1-78）,在"仅在工作部件内范围"下分别点选点（18）和点（19）,完成直线段创建。选择该直线段,右键选择"转化为参考",转化为参考线 4,如图 3-1-79 所示。

 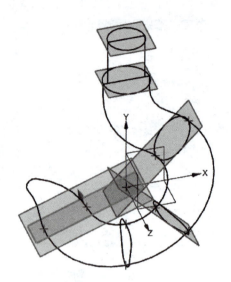

图 3-1-76　"创建草图"对话框　　　　图 3-1-77　创建草图

 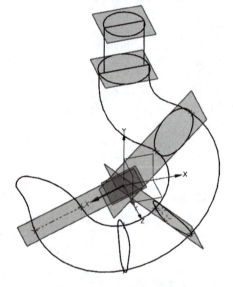

图 3-1-78　"直线"对话框　　　　图 3-1-79　绘制参考线 4

步骤 36. 创建圆

选择"菜单"→"插入"→"草图曲线"→"圆"命令,弹出"圆"对话框(见图 3-1-80),点选"圆心和直径定圆",选择参考线 4 中点为圆心、参考线 4 为直径,创建圆,如图 3-1-81 所示。

步骤 37. 完成草图

选择"完成草图"命令,完成截面 6 的创建。

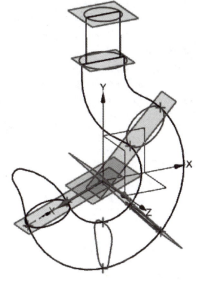

图 3-1-80　"圆"对话框　　　　图 3-1-81　创建圆

第三阶段：完成吊钩曲面建模

步骤 1. 创建钩头曲面

选择"菜单"→"插入"→"草图曲线"→"直线"命令，弹出"直线"对话框（见图 3-1-82），点选钩头曲线两端点建立直线，再以该直线中点为起点，绘制一条垂直直线，完成草图，如图 3-1-83 所示。

吊钩零件外观曲面的创建 3

图 3-1-82　"直线"对话框　　　　图 3-1-83　绘制参考线

选择"菜单"→"插入"→"设计特征"→"旋转"命令，弹出"旋转"对话框（见图 3-1-84），"表区域驱动"栏选择单条曲线，点选"在相交处停止"按钮，点选钩头曲线一侧，"轴"栏中"指定矢量"点选垂直直线，"设置"栏中"体类型"选择"片体"，单击"确定"按钮，完成旋转（22）特征的创建，如图 3-1-85 所示。

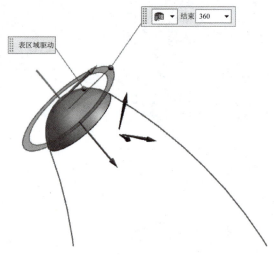

图 3-1-84　"旋转"对话框　　　　　图 3-1-85　创建旋转（22）特征

步骤 2. 扫掠钩体

选择"菜单"→"插入"→"扫掠"命令，弹出"扫掠"对话框，如图 3-1-86 所示，首先定义钩体多组截面。选择相切曲线，点选"在相交处停止"按钮，点选截面 1 的前半圆弧，选择相连曲线，点选截面 1 的后半圆弧，完成截面 1 曲线的创建，如图 3-1-87 所示。

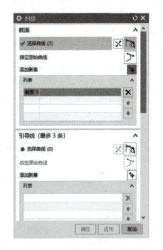

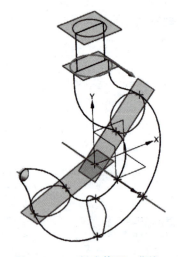

图 3-1-86　"扫掠"对话框　　　　　图 3-1-87　创建截面 1 曲线

在"扫掠"对话框"截面"栏中，单击"添加新集"，进行截面 2 的选择，如图 3-1-88 所示。选择相切曲线，点选"在相交处停止"按钮，点选截面 2 的前侧曲线，选择相连曲线，然后点选截面 2 的后侧曲线，完成截面 2 曲线的创建，如图 3-1-89 所示。

在"扫掠"对话框"截面"栏中，单击"添加新集"，进行截面 3 的选择，如图 3-1-90 所示。选择相切曲线，点选"在相交处停止"按钮，点选截面 3 的前侧曲线，选择相连曲线，然后点选截面 3 的后侧曲线，完成截面 3 曲线的创建，如图 3-1-91 所示。

在"扫掠"对话框"截面"栏中，单击"添加新集"，进行截面 3 的选择，如图 3-1-92 所示。选择相切曲线，点选"在相交处停止"按钮，点选截面 4 的前侧曲线，选择相连曲线，然后点选截面 4 的后侧曲线，完成截面 4 曲线的创建，如图 3-1-93 所示。

图 3-1-88 "扫掠"对话框

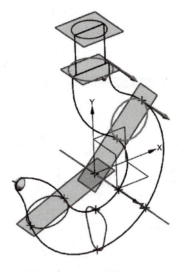

图 3-1-89 创建截面 2 曲线

图 3-1-90 "扫掠"对话框

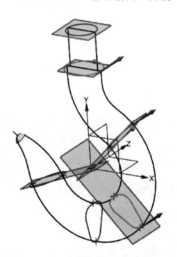

图 3-1-91 创建截面 3 曲线

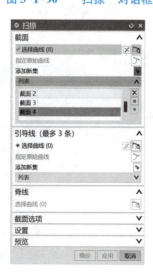

图 3-1-92 "扫掠"对话框

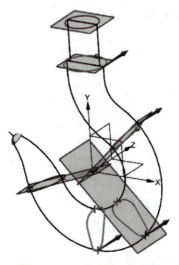

图 3-1-93 创建截面 4 曲线

在"扫掠"对话框"截面"栏中,单击"添加新集"按钮,进行截面5的选择,如图3-1-94所示。选择相切曲线,点选"在相交处停止"按钮,点选截面5的前侧曲线,选择相连曲线,然后点选截面5的后侧曲线,完成截面5曲线的创建,如图3-1-95所示。

图3-1-94　"扫掠"对话框

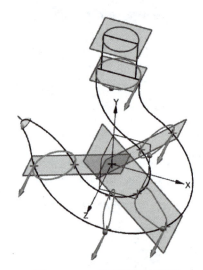
图3-1-95　创建截面5曲线

在"扫掠"对话框"截面"栏中,单击"添加新集"按钮,进行截面6的选择,如图3-1-96所示。选择相切曲线,点选"在相交处停止"按钮,点选截面6的前侧曲线,选择相连曲线,然后点选截面4的后侧曲线,完成截面6曲线的创建,如图3-1-97所示。

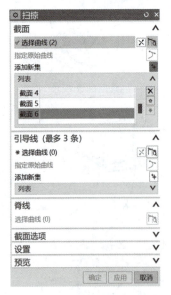
图3-1-96　"扫掠"对话框

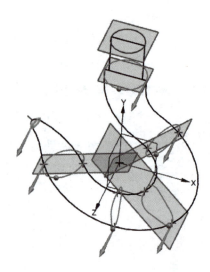
图3-1-97　创建截面6曲线

在"扫掠"对话框"引导线"栏中,进行引导线1的选择,如图3-1-98所示。选择从截面1处吊钩外圆曲线开始,创建引导线1,如图3-1-99所示。

图 3-1-98 "扫掠"对话框

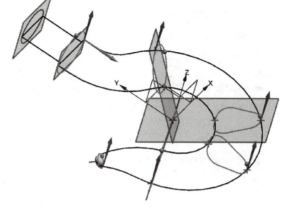

图 3-1-99 创建引导线 1

在引导线 1 选择过程中,可及时查看下吊钩曲面生成情况,如图 3-1-100 所示。

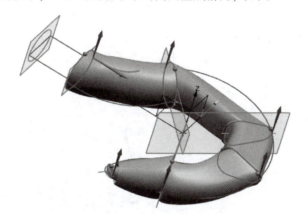

图 3-1-100 吊钩曲面生成过程

在引导线 1 选择过程中不便选取曲线时,可以变换显示模式(见图 3-1-101),完成线段选取,如图 3-1-102 所示。

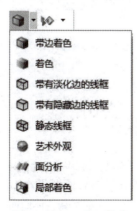

图 3-1-101 显示模式

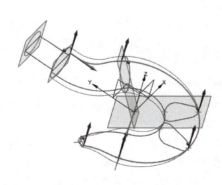

图 3-1-102 选择引导线 1

在"扫掠"对话框"引导线"栏中,单击"添加新集",进行引导线 2 的选择,如图 3-1-103 所示。选择从截面 1 处吊钩内圆曲线开始,创建引导线 2,如图 3-1-104 所示。

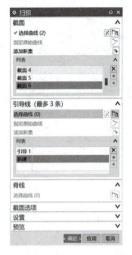

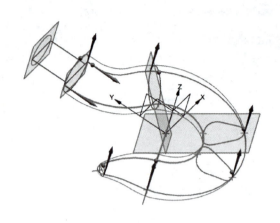

图 3-1-103　"扫掠"对话框　　　　　图 3-1-104　创建引导线 2

在"扫掠"对话框"截面选项"栏中,"插值"选为"三次","设置"栏中"体类型"选为"片体"(见图 3-1-105),单击"确定"按钮,扫掠钩体,如图 3-1-106 所示。

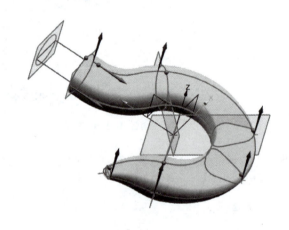

图 3-1-105　"扫掠"对话框　　　　　图 3-1-106　生成吊钩曲面

步骤 3. 创建有界平面

选择"菜单"→"插入"→"平面"→"有界平面"命令,弹出"有界平面"对话框(见图 3-1-107),点选吊钩钩体上边界轮廓线,生成钩体端面,如图 3-1-108 所示。

步骤 4. 创建拉伸曲面

选择"菜单"→"插入"→"设计特征"→"拉伸"命令,弹出"拉伸"对话框,在"拉伸"对话框"设置"栏中,"体类型"选择"片体",点选吊钩柱体上边界轮廓线,在"拉伸"对话框"限制"栏中,选择"直至选定"选项,点选钩体端面,生成吊钩柱体曲面,如图 3-1-109 和图 3-1-110 所示。

图 3-1-107 "有界平面"对话框

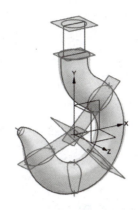

图 3-1-108 生成钩体端面

图 3-1-109 "拉伸"对话框

图 3-1-110 生成钩体柱体曲面

步骤 5. 修剪片体

选择"菜单"→"插入"→"修剪"→"修剪片体"命令,弹出"修剪片体"对话框(见图 3-1-111),在"修剪片体"对话框"目标"栏中,"选择片体"点选钩体端面;"边界栏"中,"选择对象"点选钩柱体曲面;"区域栏"中,"选择区域"点选吊钩柱体内部曲面。单击"确定"按钮,完成曲面的修改,如图 3-1-112 所示。

 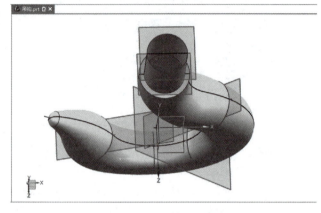

图 3-1-111　"修剪片体"对话框　　　　图 3-1-112　修剪片体

步骤 6. 创建有界平面

选择"菜单"→"插入"→"平面"→"有界平面"命令,弹出"有界平面"对话框(见图 3-1-113),点选吊钩柱体上边界轮廓线,单击"确定"按钮,生成柱体端面,如图 3-1-114 所示。

 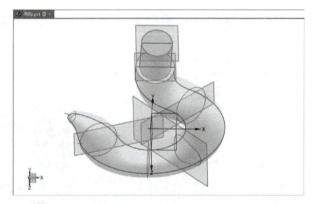

图 3-1-113　"有界平面"对话框　　　　图 3-1-114　有界平面

步骤 7. 隐藏

选择"部件导航器"中不需要显示的特征,右键点选"隐藏"按钮,显示吊钩外观效果,如图 3-1-115 所示。

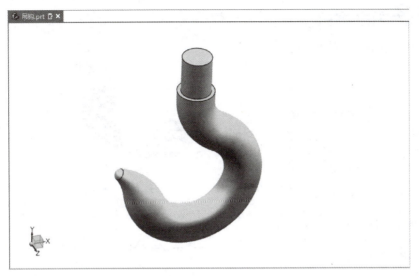

图 3-1-115　片体吊钩

第四阶段：吊钩转化为实体

步骤 1. 查看吊钩

选择"菜单"→"视图"→"截面"→"新建截面"命令，弹出"视图剖切"对话框，并显示吊钩为片体状态，如图 3-1-116 所示。

吊钩转换为实体

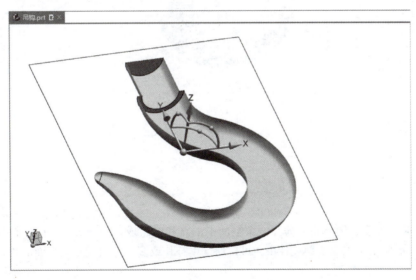

图 3-1-116　吊钩剖切视图

步骤 2. 缝合

选择"菜单"→"插入"→"组合"→"缝合"命令，弹出"缝合"对话框（见图 3-1-117），"缝合"对话框"目标"栏中"选择片体"为吊钩立柱端面，"工具"栏中"选择片体"为其他面，单击"确定"按钮，进行缝合，如图 3-1-118 所示。

图 3-1-117　"缝合"对话框

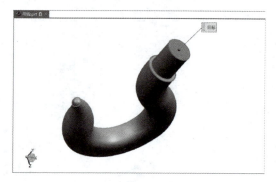

图 3-1-118　缝合曲面

最终实体吊钩结果如图 3-1-119。

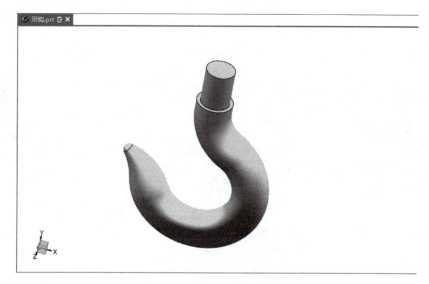

图 3-1-119　实体吊钩

相关知识

一、曲面基础概述

UG 曲面是零厚度、无体积的薄片，由空间中的点和线组成，并通过 U、V 两个参数方向进行表征。它广泛应用于工业造型设计中，可以通过单补片或多补片组成复杂曲面形状。

1. 实体、片体和曲面

在 UG 中，构造的物体类型有两种：实体与片体。实体是具有一定体积和质量的实体性几何特征。片体是相对于实体而言的，它只有表面，没有体积，并且每一个片体都是独立的几何体，可以包含一个特征，也可以包含多个特征。

实体：具有厚度，由封闭表面包围的具有体积的物体。

片体：厚度为 0，没有体积存在。

曲面：任何片体、片体的组合以及实体的所有表面。

2. 曲面的 U、V 方向

在数学上，曲面是用两个方向的参数定义的：行方向由 U 参数、列方向由 V 参数定义。对于"通过点"的曲面，大致具有同方向的一组点构成了行方向，与行大约垂直的一组点构成了列方向；对于"直纹面"和"通过曲线"的生成方法，曲线方向代表了 U 方向；对于"通过曲线网格"的生成方法，曲线方向代表了 U 方向和 V 方向。

3. 曲面的阶次

曲面的阶次类似于曲线的阶次，是一个数学概念，用来描述片体多项式的最高阶次数，由于片体具有 U、V 两个方向的参数，因此，需分别指定阶次数。在 UG NX 中，片体在 U、V 方向的次数必须介于 2~24，但最好采用三阶次，称为双三次曲面。曲面的阶次过高会导致系统运算速度变慢，甚至在数据转换时容易发生数据丢失等情况。

二、依据点创建曲面

1. 四点曲面

通过指定四个点来创建一个曲面。选择"菜单"→"插入"→"曲面"→"四点曲面"命令或单击"曲面"工具条中的"通过点"图标，弹出"四点曲面"对话框，如图 3-1-120 所示。

四点曲面

图 3-1-120 "四点曲面"对话框

2. 通过点

通过一组矩形数组分布数据点产生曲面，所创建的曲面完全通过指定的数据点，且数据点的位置和数量会影响整体曲面的平滑度。选择"菜单"→"插入"→"曲面"→"通过点"命令或单击"曲面"工具条中的"通过点"图标，弹出"通过点"对话框，如图 3-1-121 所示。

1) 补片类型

单个：产生单一补片的高阶曲面，即行方向的阶数为行方向的点数减 1，列方向的阶数为列方向的点数减 1。

多个：产生多段式补片曲面，此时的阶数分别为行阶次和列阶次中的输入数值。

图 3-1-121 "通过点"对话框

2) 沿以下方向封闭

两者皆否：行和列方向皆不封闭。

行：行方向封闭，此时行方向选取的第一点同时作为最后一点。

列：列方向封闭，此时列方向选取的第一点同时作为最后一点。

两者皆是：行和列方向皆封闭。

3) 行阶次

行阶次为曲面行方向的阶次。所指定的行方向的阶数必须比行方向的点数至少少1，否则系统报错。

4) 列阶次

列阶次为曲面列方向的阶次。所指定的列方向的阶数必须比列方向的点数至少少1，否则系统报错。

5) 文件中的点

从文件中读取点数据来创建曲面。

3. 从极点

利用"从极点"方法创建曲面的步骤与利用"通过点"创建曲面的步骤相似，其区别在于利用该方法创建曲面时不通过所有的选取点。选择"菜单"→"插入"→"曲面"→"从极点"命令或单击"曲面"工具条中的"从极点"图标，弹出"从极点"对话框，如图3-1-122所示。

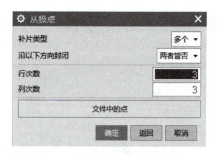

图3-1-122 "从极点"对话框

4. 拟合曲面

"拟合曲面"命令通过读取选中范围内的一大块点数据来创建曲面，这些点数据通常来自扫掠或是数字取点。执行"插入"→"曲面"→"拟合曲面"命令或单击"曲面"工具条中的"拟合曲面"图标，弹出如图3-1-123所示的"拟合曲面"对话框。在使用该命令创建曲面时，根据选取坐标系方法不同，所创建的曲面可能不完全通过选取的点。

创建网格曲面-通过曲线组

三、通过曲线创建曲面

1. 直纹面

"直纹面"是严格通过两条截面线串而生成的直纹片体，它主要表现为在两个截面之间创建线性过渡的曲面。其中，第一根截面线可以是直线、光滑的曲线，也可以是点；而每条曲线可以是单段，也可以是由多段组成。实例如下：

(1) 选择"菜单"→"插入"→"网格曲面"→"直纹

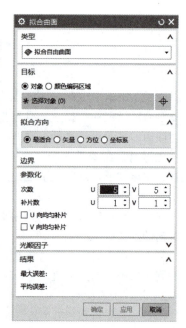

图3-1-123 "拟合曲面"对话框

面"选项或单击"曲面"工具栏中的直纹面图标,弹出"直纹"对话框,如图 3-1-124 所示。

(2) 选择第一条曲线作为截面线串 1,在第一条曲线上会出现一个方向箭头。单击鼠标中键完成截面线串 1 的选择。

(3) 选择第二条曲线作为截面线串 2,在第二条曲线上也会出现一个方向箭头。

(4) 可以根据输入曲线的类型选择需要的对齐方式,然后单击"确定"按钮,完成曲面的创建,如图 3-1-125 所示。

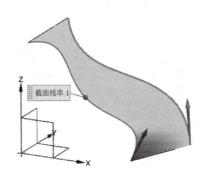

图 3-1-124　"直纹"对话框　　　图 3-1-125　"直纹面"的创建

注意：第二条曲线的箭头方向应与第一条线的箭头方向一致,否则会导致曲面扭曲。

2. N 边曲面

"N 边曲面"是由多个相连接的曲线(可以封闭,也可以不封闭；可以是平面曲线链,也可以是空间曲线链)而生成的曲面,实例如下：

选择"菜单"→"插入"→"网格曲面"→"N 边面"选项或单击"N 边面"图标,弹出"N 边曲面"对话框(见图 3-1-126),顺序拾取名各条曲线,然后单击"确定"按钮,完成曲面的创建,如图 3-1-127 所示。

N 边曲面

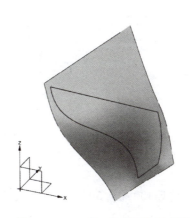

图 3-1-126　"N 边曲面"对话框　　　图 3-1-127　"N 边曲面"的创建

3. 有界平面

"有界平面"是由在同一平面的封闭的曲线轮廓（曲线轮廓可以是一条曲线，也可以是多条曲线首尾相连）而生成的平面。

单击"有界平面"图标或选择"插入"→"曲面"→"有界平面"命令，弹出"有界平面"对话框（见图 3-1-128），拾取轮廓曲线，然后单击"确定"按钮，完成曲面创建，如图 3-1-129 所示。

图 3-1-128　"直纹"对话框

图 3-1-129　"有界平面"的创建

> **学有所思**

（1）请分析吊钩曲面建模的绘制思路，并熟练使用"扫掠""有界平面"等命令。

（2）通过吊钩曲面建模学习，你认为提高曲面建模效率要注意哪些问题？

> **拓展训练**

绘制如图 3-1-130 和图 3-1-131 所示的两个草图。

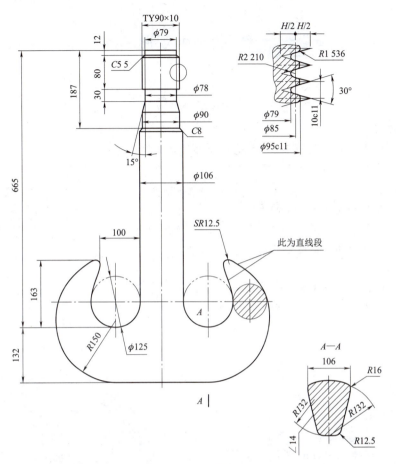

图 3-1-130　草图一

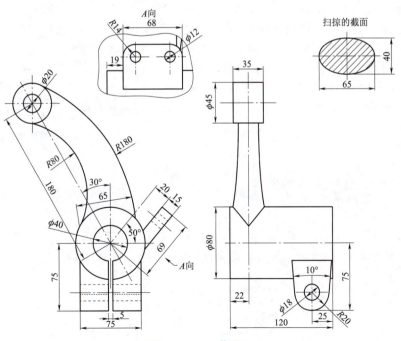

图 3-1-131　草图二

任务二　轮毂外观曲面的创建

学习目标

【技能目标】
1. 能熟练应用曲面造型思路，对概念性产品进行曲面创建分析。
2. 能熟练应用"艺术样条""网格曲面"等命令进行产品曲面创建。

【知识目标】
1. 了解概念性产品曲面造型的思路。
2. 掌握"网格曲面"等曲面造型的命令。
3. 掌握概念性产品曲面造型的创建方法。

【态度目标】
1. 具备分析问题、动手解决实际问题的能力。
2. 具有执着专注、精益求精的工匠精神。

工作任务

造型概念设计是一个涉及创新思维和美学原理的过程，旨在创造出一个独特且吸引人的视觉形象。设计师最初的设计起点，往往是创意构思的几张草图，或者是尺寸信息较少的图片，此时开展建模时就要引入造型概念设计的理念。采用 UG 进行概念设计是一个综合性的过程，需要深入理解 UG 的功能和工具，并遵循一定的设计原则和步骤。通过不断的实践和探索，可以逐渐掌握 UG 概念设计的技巧和方法，创建出满足用户需求和市场需求的高质量产品。本任务以一张轮毂图片为起点，在缺少尺寸的情况下，通过对产品造型的推测和理解，完成轮毂曲面的概念设计。如图 3-2-1 所示。

图 3-2-1　轮毂的概念图

任务实施

第一阶段：轮辐的曲面的创建

步骤1. 建立新文件

启动 UG，选择"菜单"→"文件"→"新建"命令，打开"新建"对话框，在对话框的"名称"文本框中输入"轮毂"，并指定要保存到的文件夹，单击"确定"按钮。如图 3-2-2 所示。

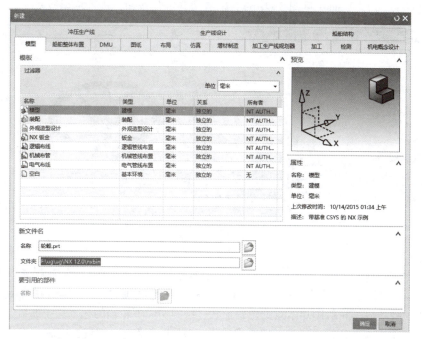

图 3-2-2 "轮毂"文件创建

步骤 2. 插入光栅图像

选择"菜单"→"插入"→"基准/点"→"光栅图像"命令,弹出"光栅图像"对话框,如图 3-2-3 所示。在"光栅图像"对话框的"目标对象"栏中,"指定平面"选择 XY 平面;在"图像定义"栏,单击"选择图像文件"按钮导入准备好的轮毂图片;在"方位"栏,"基点"选择"中心","大小"中宽度为"4 064 mm","高度"为"4 064 mm"(以 16 寸轮毂为例),单击"确定"按钮,完成光栅图像的导入,如图 3-2-4 所示。

图 3-2-3 "光栅图像"对话框

图 3-2-4 插入光栅图像

步骤 3. 创建草图

选择"菜单"→"插入"→"草图"命令,弹出"创建草图"对话框,如图 3-2-5 所示。在"创建草图"对话框中,"草图类型"栏选择"在平面上";"草图坐标系"栏指定坐标系为

"自动判断"，点选 YZ 平面（见图 3-2-6），单击"确定"按钮，进入草图绘制模式。

图 3-2-5　"创建草图"对话框　　　　　图 3-2-6　选择草绘平面

步骤 4. 创建艺术样条

选择"菜单"→"插入"→"曲线"→"艺术样条"命令，弹出"艺术样条"对话框，如图 3-2-7 所示。在"艺术样条"对话框"类型"栏中选择"通过点"，然后在视图上标记点绘制艺术样条曲线。根据轮毂图片示意的轮辐形状，绘制切面下轮辐的艺术样条曲线，然后进行微调（此过程可不断视图切换，便于对照图像操作），单击"确定"按钮，完成艺术样条曲线的绘制，如图 3-2-8 所示。

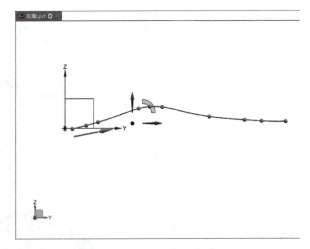

图 3-2-7　"艺术样条"对话框　　　　　图 3-2-8　艺术样条曲线绘制

步骤 5. 旋转

选择"菜单"→"插入"→"设计特征"→"旋转"命令，弹出"旋转"对话框，如图 3-2-9 所示。在"旋转"对话框"表区域驱动"栏中，选择曲线为步骤 4 艺术样条曲线；"轴"栏中，"指定矢量"选择 Z 轴；"限制"栏中，"角度"选择"180°"；"设置"栏中，"体类型"选择"片体"。单击"确定"按钮，完成轮辐曲面的旋转特征，如图 3-2-10 所示。

步骤 6. 创建草图

选择"菜单"→"插入"→"草图"命令，弹出"创建草图"对话框，如图 3-2-11 所示。在"创建草图"对话框中，"草图类型"栏为"在平面上"；"草图坐标系"栏指定坐标系为"自动判断"，点选 XY 平面（见图 3-2-12），单击"确定"按钮，进入草图绘制模式。

图3-2-9　"旋转"对话框　　　　图3-2-10　轮辐曲面旋转

图3-2-11　"创建草图"对话框　　图3-2-12　选择草绘平面

步骤7. 创建艺术样条

选择"菜单"→"插入"→"曲线"→"艺术样条"命令，弹出"艺术样条"对话框，如图3-2-13所示。在"艺术样条"对话框"类型"栏中，选择"通过点"，然后在视图上标记点绘制艺术样条曲线。根据轮毂图片示意的轮辐形状，绘制轮辐主缺口形状的艺术样条曲线，然后进行微调（此过程可不断视图切换，便于对照图像操作）。单击"确定"按钮，完成艺术样条曲线的绘制，如图3-2-14所示。

 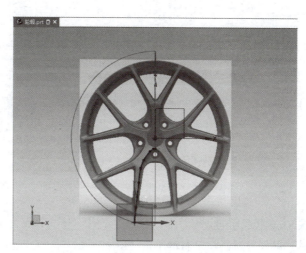

图3-2-13　"艺术样条"对话框　　图3-2-14　艺术样条曲线绘制

步骤 8. 拉伸

选择"菜单"→"插入"→"设计特征"→"拉伸"命令,弹出"拉伸"对话框,如图 3-2-15 所示。在"拉伸"对话框"表区域驱动"栏中,选择曲线为步骤 7 艺术样条曲线;在"轴"栏中,"指定矢量"选择 Z 轴;在"限制"栏中,"距离"为大于步骤 5 的曲面高度;在"设置"栏中,"体类型"选择"片体"。单击"确定"按钮,完成艺术样条曲线的拉伸曲面,如图 3-2-16 所示。

图 3-2-15 "拉伸"对话框　　图 3-2-16 艺术样条曲线的拉伸曲面

步骤 9. 修剪片体

选择"菜单"→"插入"→"修剪"→"修剪片体"命令,弹出"修剪片体"对话框,如图 3-2-17 所示。在"修剪片体"对话框"目标"栏中,选择片体为步骤 5 旋转曲面;在"边界"栏中,选择对象为步骤 8 拉伸曲面;在"区域"栏中,选择区域点选步骤 5 旋转曲面保留部分。单击"确定"按钮,完成曲面的修剪,如图 3-2-18 所示。

 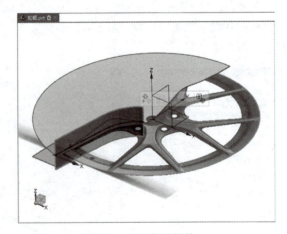

图 3-2-17 "修剪片体"对话框　　图 3-2-18 曲面修剪

步骤 10. 隐藏特征

选择"部件导航器"→右键单击"拉伸(6)"→"隐藏"命令,把"拉伸(6)"特征隐藏，如图 3-2-19 和图 3-2-20 所示。

图 3-2-19　部件导航器

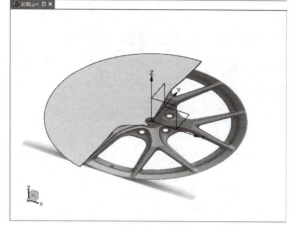

图 3-2-20　隐藏效果视图

步骤 11. 创建艺术样条

选择"菜单"→"曲线"→"艺术样条"命令，弹出"艺术样条"对话框，如图 3-2-21 所示。在"艺术样条"对话框"类型"栏中，选择"通过点"，然后在视图上标记点绘制艺术样条曲线。

首先切换为俯视图，参考光栅图像轮廓，先在俯视图内完成轮辐主缺口形状的艺术样条，然后进行微调（此过程可不断视图切换，便于对照图像操作），完成 XY 平面投影方向艺术样条曲线的绘制，如图 3-2-22 所示。

图 3-2-21　"艺术样条"对话框

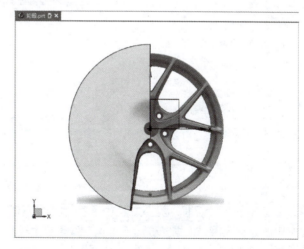

图 3-2-22　艺术样条曲线绘制

然后切换为右视图，根据光栅图像示意做概念设计，调整艺术样条曲线在 Z 轴方向的高度（注意其他轴方向不做变化），调整后单击"确定"按钮，完成艺术样条曲线的空间设计，如图 3-2-23 和图 3-2-24 所示。

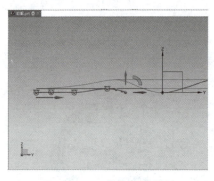
图 3-2-23　艺术曲线绘制

图 3-2-24　艺术样条空间展示

步骤 12. 创建艺术样条

选择"菜单"→"曲线"→"艺术样条"命令，弹出"艺术样条"对话框，如图 3-2-25 所示。在"艺术样条"对话框中，"类型"栏选择"通过点"，然后在视图上标记点绘制艺术样条曲线。首先切换为右视图，根据光栅图像示意，做轮辐主缺口一端交叉曲线的概念设计，优化调整后，单击"确定"按钮，完成第一条交叉曲线，如图 3-2-26 所示。

图 3-2-25　"艺术样条"对话框

图 3-2-26　艺术样条曲线空间展示

步骤 13. 创建艺术样条

选择"菜单"→"曲线"→"艺术样条"命令，弹出"艺术样条"对话框，如图 3-2-27 所示。在"艺术样条"对话框"类型"栏中选择"通过点"，然后在视图上标记点绘制艺术样条曲线。先切换为右视图，根据光栅图像示意，做轮辐主缺口另外一端交叉曲线的概念设计，优化调整后，单击"确定"按钮，完成第二条交叉曲线，如图 3-2-28 所示。

步骤 14. 创建网格曲面

选择"菜单"→"插入"→"网格曲面"→"通过曲线网格"命令，弹出"通过曲线网格"对话框，如图 3-2-29 所示。在"通过曲线网格"对话框"主曲线"栏中选择艺术样条 1，建立主曲线 1；"添加新集"栏选择艺术样条 2，建立主曲线 2；"交叉曲线"栏选择艺术样条 3，建立交叉曲线 1；"添加新集"栏选择艺术样条 4，建立交叉曲线 2；"设置"栏，"体类型"选择为"片体"。单击"确定"按钮，完成网格曲面的创建，如图 3-2-30 所示。

图 3-2-27 "艺术样条"对话框

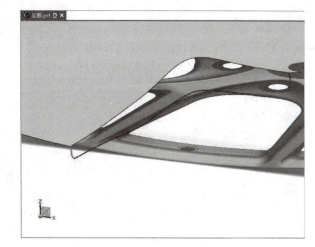

图 3-2-28 艺术样条空间展示

图 3-2-29 "通过曲线网格"对话框

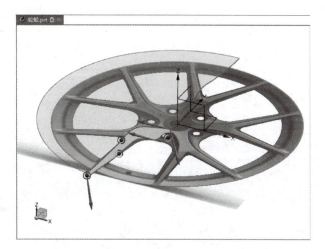

图 3-2-30 网格曲面创建

步骤 15. 创建艺术样条

选择"菜单"→"插入"→"曲线"→"艺术样条"命令，弹出"艺术样条"对话框，如图 3-2-31 所示。在"艺术样条"对话框"类型"栏中选择"通过点"，然后在视图上标记点绘制艺术样条曲线。根据轮毂图片示意的轮辐形状，绘制轮辐次缺口形状的艺术样条曲线，然后进行微调（此过程可不断视图切换，光栅图像透明度调整等，便于对照图像操作），单击"确定"按钮，完成艺术样条曲线的绘制，如图 3-2-32 所示。

步骤 16. 拉伸

选择"菜单"→"插入"→"设计特征"→"拉伸"命令，弹出"拉伸"对话框，如图 3-2-33 所示。在"拉伸"对话框"表区域驱动"栏中，选择曲线为步骤 15 艺术样条曲线；在"轴"栏中"指定矢量"选择 Z 轴；在"限制"栏中，距离为大于步骤 4 的曲面高度；在"设置"栏中，"体类型"选择"片体"。单击"确定"按钮，完成艺术样条曲线的拉伸曲面，如图 3-2-34 所示。

步骤 17. 修剪片体

选择"菜单"→"插入"→"修剪"→"修剪片体"命令，弹出"修剪片体"对话框，如

图3-2-35所示。在"修剪片体"对话框"目标"栏中,选择片体为步骤5旋转曲面;在"边界"栏中,选择对象为步骤16拉伸曲面;在"区域"栏中,选择区域点选步骤5旋转曲面保留部分。单击"确定"按钮,完成曲面修剪,如图3-2-36所示。

图3-2-31 "艺术样条"对话框　　图3-2-32 艺术样条曲线绘制

图3-2-33 "拉伸"对话框　　图3-2-34 艺术样条曲线的拉伸曲面

图3-2-35 "修剪片体"对话框　　图3-2-36 曲面修剪

步骤 18. 隐藏特征

选择"部件导航器"→右键单击"拉伸（6）"→"隐藏"命令，把"拉伸（6）"特征隐藏，如图 3-2-37 和图 3-2-38 所示。

图 3-2-37　部件导航器　　　　图 3-2-38　隐藏效果视图

步骤 19. 创建草图

选择"菜单"→"插入"→"草图"命令，弹出"创建草图"对话框，如图 3-2-39 所示。在"创建草图"对话框中，"草图类型"栏为"在平面上"；"草图坐标系"栏指定坐标系为"自动判断"，点选 XY 平面（见图 3-2-40），单击"确定"按钮，进入草图绘制模式。

图 3-2-39　"创建草图"对话框　　　　图 3-2-40　选择草绘平面

步骤 20. 创建艺术样条

选择"菜单"→"插入"→"曲线"→"艺术样条"命令，弹出"艺术样条"对话框，如图 3-2-41 所示。在"艺术样条"对话框"类型"栏中，选择"通过点"，然后在视图上标记点绘制艺术样条曲线。根据轮毂图片示意的轮辐形状，绘制轮辐次缺口形状的艺术样条曲线，然后进行微调（此过程可不断视图切换，光栅图像透明度调整等，便于对照图像操作），单击"确定"按钮，完成艺术样条曲线的绘制，如图 3-2-42 所示。

图 3-2-41 "艺术样条"对话框

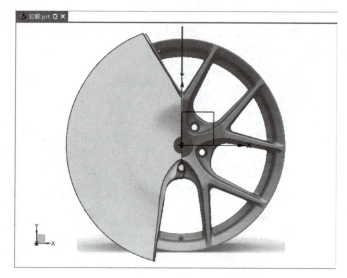

图 3-2-42 艺术样条曲线绘制

步骤 21. 创建艺术样条

选择"菜单"→"曲线"→"艺术样条"命令,弹出"艺术样条"对话框,如图 3-2-43 所示。在"艺术样条"对话框中,"类型"栏选择"通过点",然后在视图上标记点绘制艺术样条曲线。先切换为右视图,根据光栅图像示意,做轮辐次缺口一端交叉曲线的概念设计,优化调整后,单击"确定"按钮,完成第一条交叉曲线,如图 3-2-44 所示。

图 3-2-43 "艺术样条"对话框

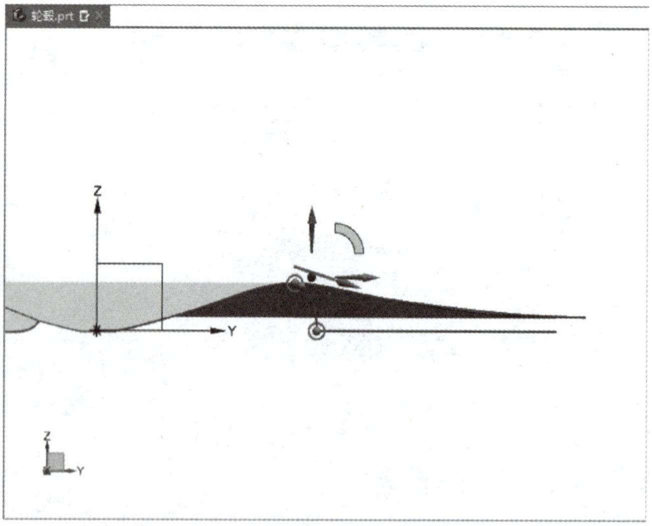

图 3-2-44 艺术样条曲线创建

步骤 22. 创建艺术样条

选择"菜单"→"曲线"→"艺术样条"命令,弹出"艺术样条"对话框,如图 3-2-45 所示。在"艺术样条"对话框中,"类型"栏选择"通过点",然后在视图上标记点绘制艺术样条曲线。先切换为右视图,根据光栅图像示意,做轮辐次缺口另一端交叉曲线的概念设计,优化调整后,单击"确定"按钮,完成第二条交叉曲线,如图 3-2-46 所示。

图 3-2-45　"艺术样条"对话框

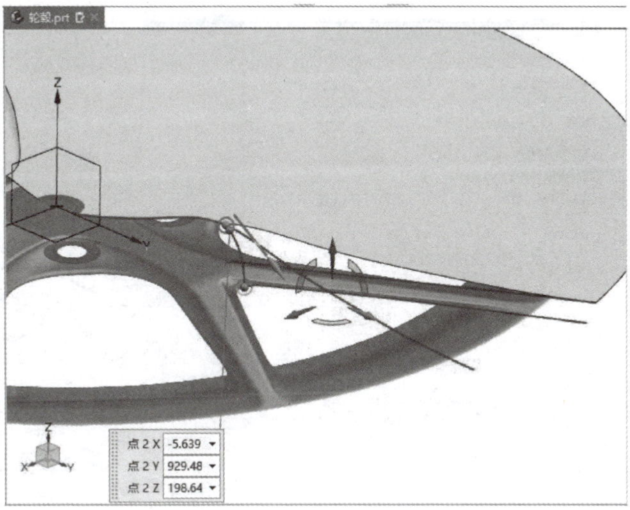

图 3-2-46　艺术样条曲线创建

步骤 23. 创建网格曲面

选择"菜单"→"插入"→"网格曲面"→"通过曲线网格"命令，弹出"通过曲线网格"对话框，如图 3-2-47 所示。在"通过曲线网格"对话框"主曲线"栏中选择艺术样条 1，建立主曲线 1；"添加新集"栏选择艺术样条 2，建立主曲线 2；"交叉曲线"栏选择艺术样条 3，建立交叉曲线 1；"添加新集"栏选择艺术样条 4，建立交叉曲线 2；"设置"栏，"体类型"选择为"片体"。单击"确定"按钮，完成网格曲面的创建，如图 3-2-48 所示。

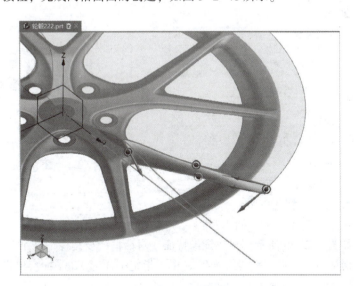

图 3-2-47　"通过曲线网格"对话框

图 3-2-48　网格曲面创建

步骤 24. 修剪片体

选择"菜单"→"插入"→"修剪"→"修剪片体"命令，弹出"修剪片体"对话框，如图 3-2-49 所示。在"修剪片体"对话框"目标"栏中，选择片体为步骤 5 旋转曲面；在"边界"栏中，选择对象点选 YZ 平面；在"区域"栏中，选择区域点选曲面保留部分。单击"确定"按钮，完成曲面修剪，如图 3-2-50 所示。

图 3-2-49　"修剪片体"对话框

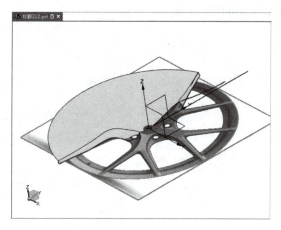
图 3-2-50　曲面修剪

步骤 25. 镜像特征

选择"菜单"→"插入"→"关联复制"→"镜像特征"命令，弹出"镜像特征"对话框，如图 3-2-51 所示。在"镜像特征"对话框要镜像的"特征"栏中，选择特征为步骤 14 创建的网格曲面；在"镜像平面"栏中，指定平面为 YZ 平面。单击"确定"按钮，完成镜像特征，如图 3-2-52 所示。

图 3-2-51　"镜像特征"对话框

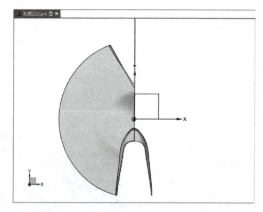
图 3-2-52　镜像特征

步骤 26. 镜像特征

选择"菜单"→"插入"→"关联复制"→"镜像特征"命令，弹出"镜像特征"对话框，如图 3-2-53 所示。在"镜像特征"对话框"要镜像的特征"栏中，选择特征为步骤 23 创建的网格曲面；在"镜像平面"栏中，指定平面为 YZ 平面。单击"确定"按钮，完成镜像特征，如图 3-2-54 所示。

步骤 27. 镜像几何体

选择"菜单"→"插入"→"关联复制"→"镜像几何体"命令，弹出"镜像几何体"对话框，如图 3-2-55 所示。在"镜像几何体"对话框"要镜像的几何体"栏中，选择对象为步骤 5 旋转曲面部分；在"镜像平面"栏中，指定平面为 YZ 平面。单击"确定"按钮，完成镜像几何体，如图 3-2-56 所示。

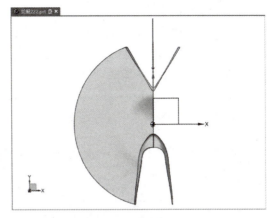

图 3-2-53　"镜像特征"对话框　　　　图 3-2-54　镜像特征

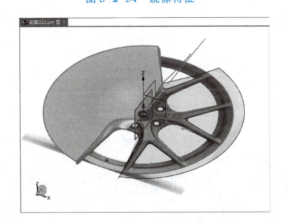

图 3-2-55　"镜像几何体"对话框　　　图 3-2-56　镜像几何体

步骤 28. 阵列特征

选择"菜单"→"插入"→"关联复制"→"阵列特征"命令，弹出"阵列特征"对话框，如图 3-2-57 所示。在"阵列特征"对话框"要形成阵列的特征"栏中，选择主次缺口创建的网格曲面及对称特征；在"阵列定义"栏中，"布局"选择"圆形"，"指定矢量"选择 Z 轴；在"斜角方向"栏中，"间距"选择"数量和间隔"，"数量"选择"5"，"节距角"选择"72"。单击"确定"按钮，完成特征阵列，如图 3-2-58 所示。

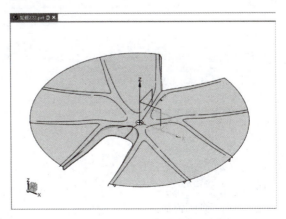

图 3-2-57　"阵列特征"对话框　　　　图 3-2-58　阵列特征

步骤 29. 修剪片体

选择"菜单"→"插入"→"修剪"→"修剪片体"命令，弹出"修剪片体"对话框，如图 3-2-59 所示。在"修剪片体"对话框"目标"栏中，选择片体为步骤 5 旋转曲面；在"边界"栏中，选择对象为所有的主次缺口曲面；在"区域"栏中，当无法整体修剪片体时，可多次操作单独修剪每个主次缺口。单击"确定"按钮，进行旋转曲面的片体修剪（此步骤也可分步操作），完成轮辐曲面，如图 3-2-60 所示。

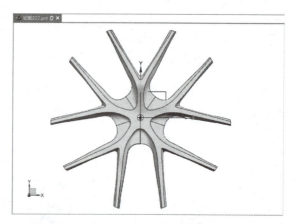

图 3-2-59　"阵列特征"对话框　　　　图 3-2-60　阵列特征

第二阶段：轮辋的曲面的创建

步骤 1. 创建草图

选择"菜单"→"插入"→"草图"命令，弹出"创建草图"对话框，如图 3-2-61 所示。在"创建草图"对话框中，"草图类型"栏为"在平面上"；"草图坐标系"栏指定坐标系为"自动判断"，点选 YZ 平面（见图 3-2-62），单击"确定"按钮，进入草图绘制模式。

图 3-2-61　"创建草图"对话框　　　　图 3-2-62　选择草绘平面

步骤 2. 创建艺术样条

选择"菜单"→"插入"→"曲线"→"艺术样条"命令，弹出"艺术样条"对话框，如图 3-2-63 所示。在"艺术样条"对话框"类型"栏中，选择"通过点"，然后在视图上标记点绘制艺术样条曲线。根据轮毂图片示意的轮辐形状，绘制轮辋形状的艺术样条曲线，然后进行微调（为省略步骤仅做半边轮辐示意）。单击"确定"按钮，完成艺术样条曲线的绘制，如图 3-2-64 所示。

图 3-2-63 "艺术样条"对话框

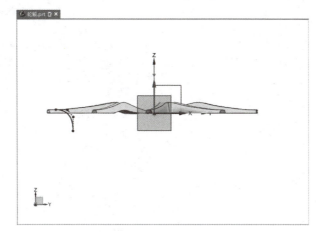

图 3-2-64 艺术样条曲线创建

步骤 3. 旋转

选择"菜单"→"插入"→"设计特征"→"旋转"命令，弹出"旋转"对话框，如图 3-2-65 所示。在"旋转"对话框"表区域驱动"栏中，选择曲线为步骤 2 艺术样条曲线；在"轴"栏中，"指定矢量"选择 Z 轴；在"限制"栏中，"开始"的"角度"选择"0°"，"结束"的"角度"选择"360°"；在"设置"栏中，"体类型"选择"片体"。单击"确定"按钮，完成轮辐曲面的旋转特征，如图 3-2-66 所示。

图 3-2-65 "旋转"对话框

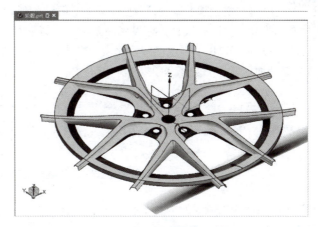

图 3-2-66 轮辐曲面旋转

步骤 4. 修剪片体

选择"菜单"→"插入"→"修剪"→"修剪片体"命令，弹出"修剪片体"对话框，如图 3-2-67 所示。在"修剪片体"对话框"目标"栏中，选择片体点选轮辐曲面；在"边界"栏中，选择对象为步骤 3 旋转曲面；在"区域"栏中，选择区域点选轮辐曲面保留部分。单击"确定"按钮，进行轮辐曲面的片体修剪（此步骤也可分步操作），如图 3-2-68 所示。

步骤 5. 保存文件

完成轮毂曲面的概念设计建模，保存文件。

图 3-2-67　"修剪片体"对话框　　　　图 3-2-68　轮辐曲面修剪

相关知识

一、曲面编辑概述

UG 曲面可以设计复杂的造型，在工业产品概念设计阶段中应用十分灵活，曲面根据设计需要是可以修改编辑的。

曲面编辑命令

二、曲面编辑命令

在进行产品设计时，对于形状比较规则的零件，利用实体特征的造型方式快捷而方便，基本能满足造型的需要。但对于形状复杂的零件，实体特征的造型方法就显得力不从心，有很多局限性，难以胜任，而 UG 自由曲面构造方法繁多、功能强大、使用方便，提供了强大的弹性化设计方式，成为三维造型技术的重要组成，"曲面操作"及"编辑曲面"工具栏如图 3-2-69 所示。

图 3-2-69　"曲面操作"及"编辑曲面"工具栏

对于常见的曲面相关命令列举如下：

1. 修剪片体

修剪片体是通过投影边界轮廓线对片体进行修剪，例如，要在一张曲面上挖一个洞，或裁掉一部分曲面，都需要曲面具有裁剪功能，其结果是关联性的修剪片体。实例如下：

选择"菜单"→"插入"→"修剪"→"修剪片体"命令，弹出"修剪片体"对话框（见图 3-2-70），"目标"片体选择需要修剪的目标片体（曲面）；"边界"对象为用于作为修剪边界的曲线或边（多边形曲线）；"投影方向"为确定边界的投影方向，用来决定修剪部分在投影方向上反映于曲面上的大小，主要有"垂直于面""垂直于曲线平面"及"沿矢量"3 种方式（选择垂直于曲线平面）；"区域"为用于选择需要剪去或者保留的区域（保留即修剪时所指定的区域将被保留；舍弃即修剪时所指定的区域将被删除）。如图 3-2-71 所示。

图 3-2-70 "修剪片体"对话框

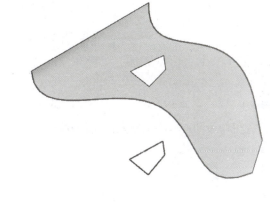

图 3-2-71 修剪效果

2. 曲面缝合

缝合用于将两个或两个以上的片体缝合为单一的片体。如果被缝合的片体封闭成一定体积，缝合后可形成实体，片体与片体之间的间隙不能大于指定的公差，否则结果是片体而不是实体。实例如下：

选择"菜单"→"插入"→"组合体"→"缝合"命令，弹出"缝合"对话框（见图3-2-72），"类型"选"片体"，"目标"选曲面1，工具选曲面2，单击"确定"按钮，将1、2曲面缝合为一体，如图3-2-73所示。

图 3-2-72 "缝合"对话框

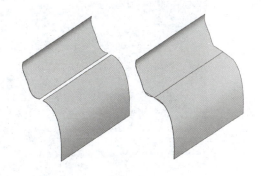

图 3-2-73 缝合效果

缝合选项说明如下。

（1）缝合输入类型：选择进行缝合的对象是片体还是实体。片体用于缝合曲面；实体（实线）用于缝合实体，要求两个实体具有形状相同、面积接近的重合表面。

（2）缝合公差：用于确定片体在缝合时所允许的最大间隙，如果缝合片体之间的间隙大于系统设定的公差，则片体不能缝合，此时需要增大公差值才能缝合片体。

3. 扩大

扩大命令是用于在选取的被修剪的或原始的表面基础上生成一个扩大或缩小的曲面，选择"菜单"→"插入"→"曲面"→"扩大"命令，弹出"扩大"对话框，如图3-2-74所示。

全部：勾选该复选框，用于同时改变 U 向和 V 向的最大值与最小值，只要移动其中一个滑块，就会改变其他滑块。

线性：曲线上的延伸部分是沿直线延伸而成的直面纹。该选项只能扩大曲面，不能缩小曲面。

自然：曲面上的延伸部分是按照曲面本身的函数规律延伸的。该选项既可以扩大曲面，也可以缩小曲面。

学有所思

（1）请分析轮毂曲面建模的绘制思路，并熟练使用"扫掠""有界曲面"等指令。

图 3-2-74 "扩大"对话框

（2）通过轮毂曲面建模学习，你认为要如何快速完成概念设计？

拓展训练

对图 3-2-75 所示轮毂进行概念性设计。

图 3-2-75 轮毂

项目四　千斤顶组件装配图及冲裁模爆炸图的创建

任务一　千斤顶组件装配图的创建

学习目标

【技能目标】
1. 能熟练应用 UG NX 12.0 软件装配模块装配千斤顶组件。
2. 能熟练应用"装配约束"命令正确装配产品。

【知识目标】
1. 掌握"添加组件"命令的功能。
2. 掌握"装配约束"命令的功能。
3. 掌握"装配导航器"的功能。

【态度目标】
1. 有良好的学习态度和创新精神。
2. 有良好的专业精神和社会责任感。

工作任务

千斤顶由多个零件组装而成。UG NX 12.0 软件采用的是虚拟装配方式，它通过装配条件在部件之间建立约束关系来确定部件在产品中的位置。在装配中部件的几何体是被装配引用的，而不是复制到装配中，无论如何编辑部件及在何处编辑部件，整个装配部件都保持关联性，如果某部件被修改，则引用它的装配部件自动更新，反映部件的最新变化。本工作任务主要是完成如图 4-1-1 所示千斤顶的装配。

图 4-1-1　千斤顶装配

任务实施

步骤 1. 建立新文件

打开 UG NX 12.0 软件，选择"菜单"→"文件"→"新建"命令，弹出"新建"对话框，在"模板"列表框中选择"装配"选项，在"名称"文本框中输入"千斤顶组件装配"，将文件放入指定文件夹里，如图 4-1-2 所示，单击"确定"按钮，进入 UG 主界面。

千斤顶组件装配图的创建

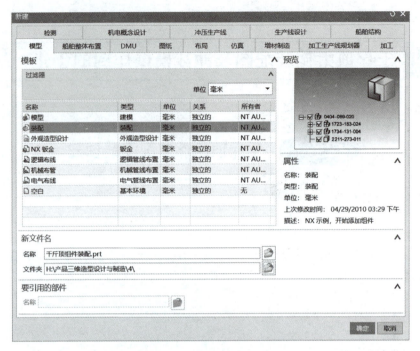

图 4-1-2 "新建"对话框

步骤 2. 添加组件底座

单击"添加组件"对话框中的"打开"按钮,如图 4-1-3 所示,在弹出的"添加组件"对话框中找到要添加的"底座"零件,然后单击"OK"按钮,返回到"添加组件"对话框,弹出如图 4-1-4 所示的"组件预览"窗口,在"组件锚点"下拉菜单中选择"绝对坐标系"选项,将组件放置位置定位于原点,单击"确定"按钮。

图 4-1-3 "添加组件"对话框

图 4-1-4 "组件预览"窗口

步骤 3. 装配螺套

选择"添加组件"命令,在弹出的"部件名"对话框中单击"打开"按钮,系统弹出"部件名"对话框,选择螺套组件,单击"OK"按钮,如图 4-1-5 所示。在"装配位置"下拉列表中选择"对齐"选项,展开"添加组件"对话框的"放置"选项组,选择"约束"单选按钮,选择第一个"接触对齐"约束类型,然后分别选取螺套的台阶面和底座的台阶面,单击"确定"按钮,退出"添加组件"命令,如图 4-1-6 所示。

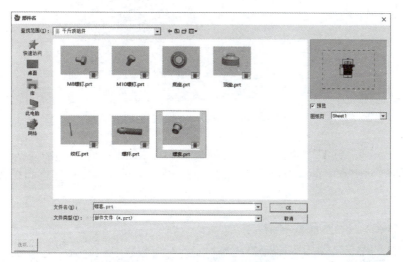

图 4-1-5 "部件名"对话框

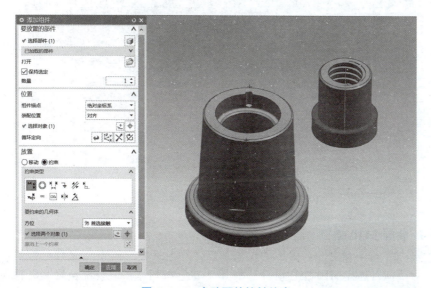

图 4-1-6 台阶面的接触约束

选择"装配约束"命令,在弹出的"装配约束"对话框中选择"接触对齐",在"方位"下拉列表框中选择"自动判断中心/轴",然后在视图中分别选择底座的中心线和螺套的中心线,单击"应用"按钮,完成两组件中心线对齐的创建。如图 4-1-7 所示。

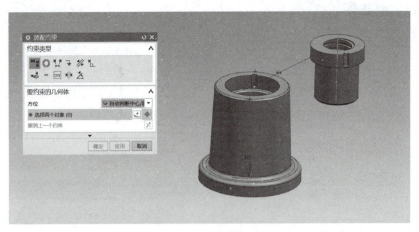

图 4-1-7 圆筒中心线的对齐约束

在"装配约束"命令下,继续选择"接触对齐"→"自动判断中心/轴",分别选择底座上的螺钉孔中心线和螺套上的螺钉孔中心线,单击"确定"按钮,完成底座和螺套的装配,如图 4-1-8 所示。

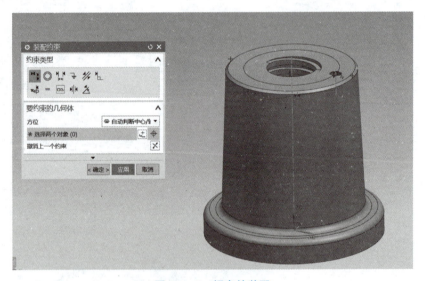

图 4-1-8 螺套的装配

步骤 4. 装配 M10 螺钉

选择"添加组件"命令,在弹出的"添加组件"对话框中单击"打开"按钮,系统弹出"部件名"对话框,选择 M10 螺钉组件,单击"OK"按钮。在"装配位置"下拉列表中选择"对齐"选项,展开"添加组件"对话框的"放置"选项组,选择"约束"单选按钮,选择第一个"接触对齐"约束类型,单击"确定"按钮,退出"添加组件"命令,如图 4-1-9 所示。

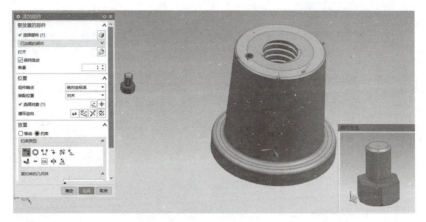

图 4-1-9 "接触对齐"约束

选择"装配约束"命令,同样选择"接触对齐"→"自动判断中心/轴",分别选择 M10 螺钉的中心线和底座上的螺钉孔中心线,单击"确定"按钮,完成底座和螺套的装配,如图 4-1-10 所示。

图 4-1-10 添加 M10 螺钉

步骤 5. 装配螺杆

选择"添加组件"命令,在弹出的"添加组件"对话框中单击"打开"按钮,系统弹出"部件名"对话框,选择螺杆组件,单击"OK"按钮。在"装配位置"下拉列表中选择"对齐"选项,展开"添加组件"对话框的"放置"选项组,选择"约束"单选按钮,选择第一个"接触对齐"约束类型,单击"确定"按钮,退出"添加组件"命令,完成螺杆的添加,如图 4-1-11 所示。

选择"装配约束"命令,同样选择"接触对齐"→"自动判断中心/轴",分别选择螺杆的中心线和底座上的圆筒中心线,单击"应用"按钮,完成螺杆和底座的中心线对齐,如图 4-1-12 所示。然后在"约束类型"中选择"距离",选择螺杆的底面和底座圆筒的顶面,设置距离为"-90",保证螺杆装配到螺套中,如图 4-1-13 所示,单击"确定"按钮,完成螺杆的装配。

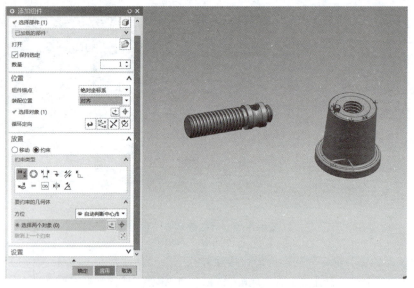

图 4-1-11　添加螺杆

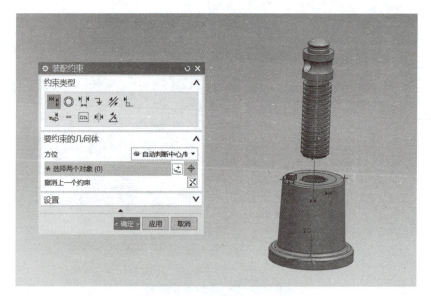

图 4-1-12　对齐螺杆的中心线

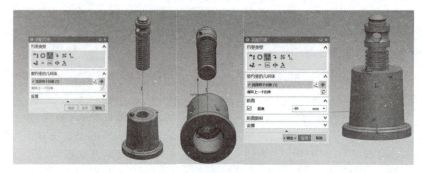

图 4-1-13　螺杆的装配

步骤 6. 装配顶垫

选择"添加组件"命令，在弹出的"添加组件"对话框中单击"打开"按钮，系统弹出"部件名"对话框，选择顶垫组件，单击"OK"按钮。在"装配位置"下拉列表中选择"对齐"选项，展开"添加组件"对话框的"放置"选项组，选择"移动"单选按钮，单击"确定"按钮，退出"添加组件"命令，完成顶垫的添加，如图 4-1-14 所示。

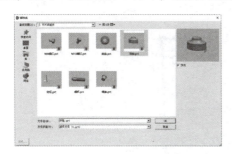

图 4-1-14 添加顶垫

选择"装配约束"命令，同样选择"接触对齐"→"自动判断中心/轴"，依次选择顶垫的中心线和螺杆的中心线，单击"应用"按钮，完成顶垫和螺杆的中心线对齐，如图 4-1-15 所示。然后在"方位"的下拉列表中选择"接触"，依次选择顶垫的底面和螺杆的上端面，单击"应用"按钮，如图 4-1-16 所示。

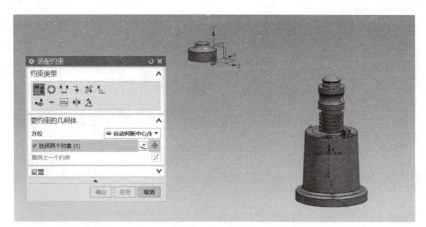

图 4-1-15 对齐螺杆和顶垫的中心线

图 4-1-16 螺杆端面和顶垫的底面贴合

在"约束类型"栏中选择"平行",依次选择顶垫的螺钉孔中心线和螺杆绞杠孔中心线,单击"确定"按钮,完成顶垫的装配,如图 4-1-17 所示。

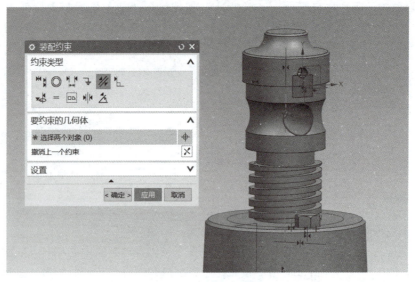

图 4-1-17　顶垫的装配

步骤 7. 装配 M8 螺钉

选择"添加组件"命令,在弹出的"添加组件"对话框中单击"打开"按钮,系统弹出"部件名"对话框,选择 M8 螺钉组件,单击"OK"按钮。在"装配位置"下拉列表中选择"对齐"选项,展开"添加组件"对话框的"放置"选项组,选择"移动"单选按钮,单击"确定"按钮,退出"添加组件"命令,完成 M8 螺钉的添加,如图 4-1-18 所示。

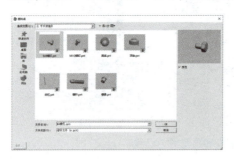 

图 4-1-18　添加 M8 螺钉

选择"装配约束"命令,同样选择"接触对齐"→"自动判断中心/轴",依次选择 M8 螺钉的中心线和顶垫螺钉孔的中心线,单击"应用"按钮,完成 M8 螺钉和顶垫的中心线对齐,如图 4-1-19 所示。然后在"方位"的下拉列表中选择"接触",依次选择 M8 螺钉头的底面和顶垫的圆柱面,单击"确定"按钮,完成 M8 螺钉的装配,如图 4-1-20 所示。

图 4-1-19　对齐 M8 螺钉和顶垫的中心线

图 4-1-20　M8 螺钉的装配

步骤 8. 装配绞杠

选择"添加组件"命令，在弹出的"添加组件"对话框中单击"打开"按钮，系统弹出"部件名"对话框，选择绞杠组件，单击"OK"按钮。在"装配位置"下拉列表中选择"工作坐标系"选项，展开"添加组件"对话框的"放置"选项组，选择"移动"单选按钮，单击"确定"按钮，退出"添加组件"命令，完成绞杠的添加，如图 4-1-21 所示。

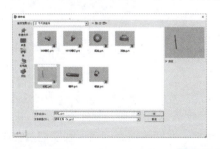 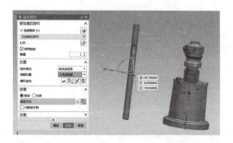

图 4-1-21　添加绞杠

选择"装配约束"命令，同样选择"接触对齐"→"自动判断中心/轴"，依次选择绞杠的中心线和螺杆绞杠孔的中心线，单击"应用"按钮，完成绞杠和绞杠孔的中心线对齐，如图 4-1-22 所示。然后在"约束类型"命令中选择"距离"，选择绞杠的底面和 M8 螺钉的顶面，设置合适距离，保证绞杠装配到螺杆居中位置，如图 4-1-23 所示，单击"确定"按钮，完成千斤顶的装配。

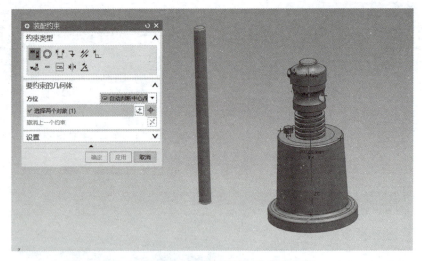

图 4-1-22　对齐绞杠和绞杠孔的中心线

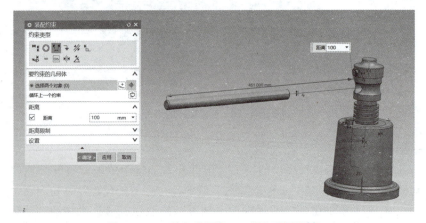

图 4-1-23　绞杠底面与 M8 螺钉顶面距离

相关知识

一、装配设计基础

UG NX 12.0 的装配建模过程其实就是创建组件装配关系的过程，装配功能可以快速将零件组合成产品，还可以在装配的过程中创建新的零件模型，并产生明细列表。在装配过程中，可以参照其他组件进行组件配对设计，并可对装配模型进行间隙分析，以及对重量和质量进行管理等。装配模型生成后，可创建爆炸视图，并可将其导入装配工程图中。

以下是在装配过程中经常会用到的一些术语：

（1）组件：是在装配中由单个或多个零件和套件构成的部件。

（2）子装配：在更高一层的装配件中作为组件的一个装配，子装配同样拥有自己的组件。子装配只是一个相对的概念，任何一个装配件都可在更高级的装配中用作子装配。

（3）装配件：由零件或子装配构成的部件。

（4）显示部件：当前工作窗口中显示的组件。

(5) 工作部件：在当前窗口中可以进行创建和编辑的组件。

(6) 已加载的部件：当前打开的并加载到内存的部件。

(7) 装配约束：组件中点、线、面之间的约束关系，由此确定装配件中各部件的相对位置。

二、装配导航器

"装配导航器"是一种装配结构的图形显示界面，又被称为装配树。在装配树形结构中，每个组件作为一个节点显示，它能清楚反映装配中各个组件的装配关系，而且能让用户快速、便捷地选取和操作各个部件。单击 UG 窗口左侧的"装配导航器"按钮将打开"装配导航器"面板，利用该面板的树状目录可以方便地查看和管理装配件、子装配和组件，如图 4-1-24 所示。

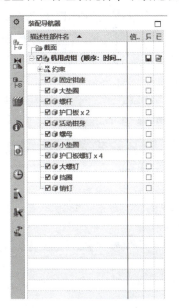

装配导航器

图 4-1-24　装配导航器

在"装配导航器"中，每一个部件显示为一个节点，从而清楚地表示出装配件、子装配和组件之间的关系。要将某部件转换为工作部件，可右击该部件，从弹出的快捷菜单中选择"设为工作部件"（见图 4-1-25），设为工作部件后即可对工作部件进行编辑。

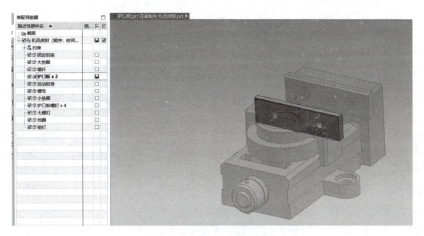

图 4-1-25　设为工作部件

三、引用集

1. 基本概念

引用集是用户在零组件中定义的部分几何对象,它代表相应的零组件进行装配。引用集可以包含下列数据:实体、组件、片体、曲线、草图、原点、方向、坐标系、基准轴及基准平面等。引用集创建后,就可以单独装配到组件中,一个零组件可以有多个引用集。

2. 引用集的类型

UG NX 12.0 包含的默认的引用集有以下几种。

(1) 模型:只包含整个实体的引用集。

(2) 整个部件:表示引用集是整个组件,即引用组件的全部几何数据。

(3) 空:表示引用集是空的,不含任何几何对象。当组件以空的引用集形式添加到装配中时,在装配中看不到该组件。

3. 创建"引用集"

选择"菜单"→"格式"→"引用集"命令,打开图 4-1-26 所示的"引用集"对话框,该对话框用于对引用集进行创建、删除、更名、编辑属性、查看信息等操作。

引用集

图 4-1-26 引用集

(1) 添加新的引用集:用于创建引用集。组件和子装配都可以创建引用集,组件的引用集既可在组件中创建,也可在装配中创建,但组件要在装配中创建引用集,必须使其成为工作部件。单击该按钮,即创建新的引用集。

(2) 删除:用于删除组件或子装配中已创建的引用集。在"引用集"对话框中选中需要删除的引用集后,单击该按钮,即删除所选引用集。

(3) 属性:用于编辑所选引用集的属性。单击该按钮,可以打开"引用集属性"对话框,该对话框用于输入属性的名称和属性值。

(4)信息:单击该按钮,打开"信息"对话框,该对话框用于输出当前零组件中已存在的引用集的相关信息。

四、装配方法

在 UG 中,用户可以自底向上设计一个装配体,也可以自顶向下进行设计,或者两种方法结合使用。

1. 自底向上设计

自底向上设计是指首先设计好组成装配体的各个零件,然后将零件添加到装配中,并利用约束设置各零件的位置,最终生成装配体。自底向上的设计方法是一种比较传统的方法,主要应用于相互结构关系和重建行为较为简单的零部件的独立设计。

2. 自顶向下设计

自顶向下设计是指从装配体开始设计工作。其典型的设计过程为先确定产品的总体设计意图,把主要的结构件设计好(通常把主造型作为主要的结构件),然后利用已设计好结构件的某些尺寸和位置创建其他零部件,并建立零部件间的装配约束关系,最终完成产品设计。自顶向下设计更能体现设计意图,有助于分工协同设计,并且便于修改,多用于设计过程中需要频繁修改或大型复杂产品的设计。

装配约束

3. 装配约束

利用"装配约束"对话框可为组件添加约束。"装配约束"对话框中各约束类型的作用如下,如图 4-1-27 所示。

(1)接触对齐:使两组件彼此接触或对齐。

首选接触:若选择此选项,当接触和对齐约束都可能时,显示接触约束。

接触:若选择此选项,则约束对象的曲面法向在相反方向上。

对齐:若选择该选项,则约束对象的曲面法向在相同方向上。

自动判断中心/轴:该选项主要用于定义两圆柱面、两圆锥面或圆柱面、圆锥面同轴约束。

(2)同心:定位两组件的圆形或椭圆形边,使其中心相同。

(3)距离:用于设定两个对象间的最小 3D 距离。

(4)固定:将组件固定在其当前所在的位置,一般用在第一个装配零部件上。

(5)平行:定义两对象的矢量方向相互平行。

(6)垂直:定义两对象的矢量方向相互垂直。

(7)对齐/锁定:该约束用于使两个目标对象的边线或轴线重合。

(8)等尺寸配对:用于定义将半径相等的两个圆柱面拟在一起。此约束对确定孔中销或螺栓的位置很有

图 4-1-27 装配约束

用。如果以后半径变为不等,则该约束无效。

(9) 胶合:使两对象黏合在一起,不能相互运动。

(10) 中心:用于使一对对象之间的一个或两个对象居中,或使一对对象沿另一对象居中。

(11) 角度:通过指定两对象之间的角度来约束所选对象之间的位置。

学有所思

(1) 你还了解过我国哪些大国重器的装配?

(2) 通过千斤顶的装配学习,你认为提高千斤顶的装配效率要注意哪些问题?

拓展训练

完成如图4-1-28所示机用虎钳装配图的创建。

图4-1-28 机用虎钳

任务二　冲裁模装配图及爆炸图的创建

学习目标

【技能目标】
1. 能熟练应用 UG NX 12.0 软件装配模块装配冲裁模并制作其爆炸图。
2. 能合理应用"爆炸图"命令正确制作产品爆炸图。

【知识目标】
1. 掌握"爆炸图"各个命令的使用。
2. 掌握"阵列组件"命令的功能。
3. 掌握"镜像装配""移动组件"命令的使用。

【态度目标】
1. 培养团结协作和工匠精神。
2. 树立安全意识和敬业精神。

工作任务

冲裁模由 7 个零件装配而成。根据组件结构及零件装配关系，采用自底而上的装配顺序，即下模座→凹模板→定位销→螺钉→挡料销→凸模→橡胶。本工作任务主要是完成如图 4-2-1 所示冲裁模的装配和爆炸图。

（a）　　　　　　　　　　　　　（b）

图 4-2-1　冲裁模装配及爆炸图
（a）装配图；（b）爆炸图

任务实施

步骤 1. 建立新文件

打开 UG NX 12.0 软件，选择"菜单"→"文件"→"新建"命令，弹出"新建"对话框，在"模板"列表框中选择"装配"选项，在"名称"文本框中输入"冲裁模装配"，将文件放入指定文件夹里，如图 4-2-2 所示，单击"确定"按钮，进入 UG 主界面。

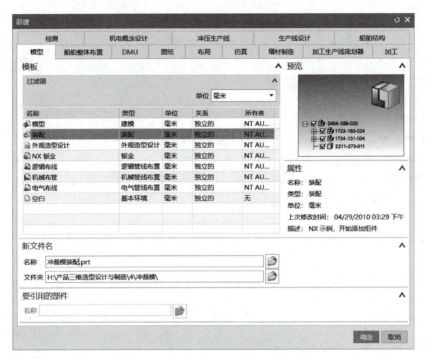

图 4-2-2 "新建"对话框

步骤 2. 添加组件下模座

单击"添加组件"对话框中的"打开"按钮,如图 4-2-3 所示,在弹出的"部件名"对话框中找到要添加的"下模座"零件,然后单击"OK"按钮,返回到"添加组件"对话框,弹出如图 4-2-4 所示的"组件预览"窗口,在"组件锚点"下拉菜单中选择"绝对坐标系"选项,将组件放置位置定位于原点,单击"确定"按钮。

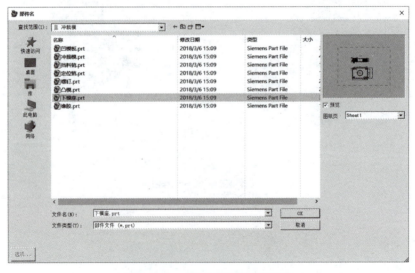

图 4-2-3 "添加组件"对话框

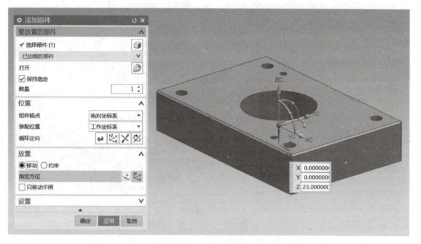

图 4-2-4 "组件预览"窗口

步骤 3. 装配凹模板

选择"添加组件"命令,在弹出的"添加组件"对话框中单击"打开"按钮,系统弹出"部件名"对话框,选择凹模板零件,单击"OK"按钮,如图 4-2-5 所示。在"装配位置"下拉列表中选择"对齐"选项,展开"添加组件"对话框的"放置"选项组,选择"约束"单选按钮,选择第一个"接触对齐"约束类型,为凹模板底面与下模座顶面添加"接触"约束,为凹模板和下模座中的两对销钉孔中心线添加"自动判断中心/轴"约束,如图 4-2-6 和图 4-2-7 所示。

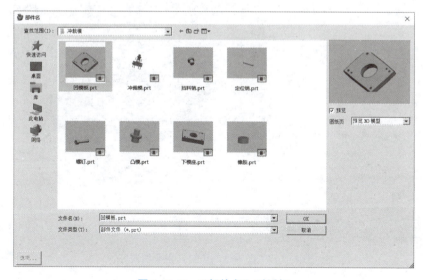

图 4-2-5 "部件名"对话框

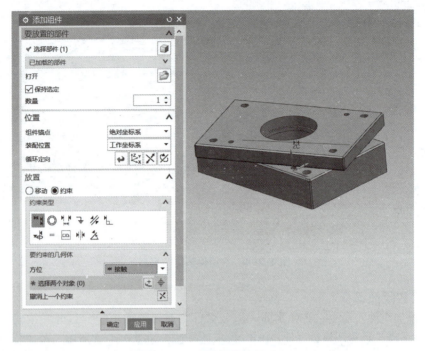

图 4-2-6 凹模板的接触对齐

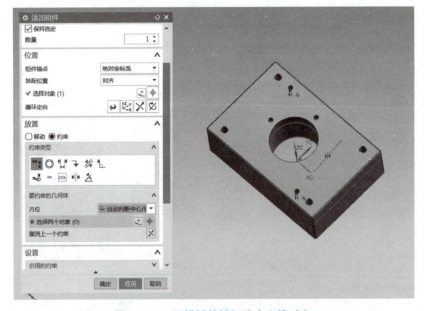

图 4-2-7 凹模板的销钉孔中心线对齐

步骤 4. 装配定位销

选择"添加组件"命令,在弹出的"添加组件"对话框中单击"打开"按钮,系统弹出"部件名"对话框,选择定位销组件,单击"OK"按钮。在"数量"选项中输入数值"2",在"装配位置"下拉列表中选择"工作坐标系"选项,展开"添加组件"对话框的"放置"选项组,选择"约束"单选按钮,选择第一个"接触对齐"约束类型,为定位销中心线和凹模板其中一个销钉孔中心线添加"自动判断中心/轴"约束,如图 4-2-8 所示,然后为定位销顶面(大头端）和凹模板顶面添加"对齐"约束，单击"确定"按钮，退出"添加组件"命令，完成两根定位销的装配，如图4-2-9所示。

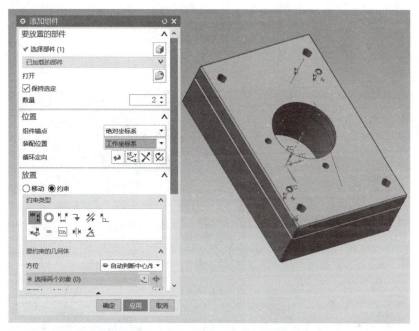

图4-2-8　定位销和销钉孔中心线对齐约束

图4-2-9　定位销顶面对齐约束

步骤5. 装配螺钉

选择"添加组件"命令，在弹出的"添加组件"对话框中单击"打开"按钮，系统弹出

"部件名"对话框,选择螺钉组件,单击"OK"按钮。在"数量"选项中输入数值"4",在"装配位置"下拉列表中选择"工作坐标系"选项,展开"添加组件"对话框的"放置"选项组,选择"约束"单选按钮,选择第一个"接触对齐"约束类型,然后为螺钉头底面和下模座螺钉孔台阶面添加"接触"约束,如图4-2-10所示,然后为螺钉中心线和下模座其中一个螺钉孔中心线添加"自动判断中心/轴"约束,如图4-2-11所示,按照此方法,依次完成其余3个螺钉的装配,单击"确定"按钮,退出"添加组件"命令,如图4-2-12所示。

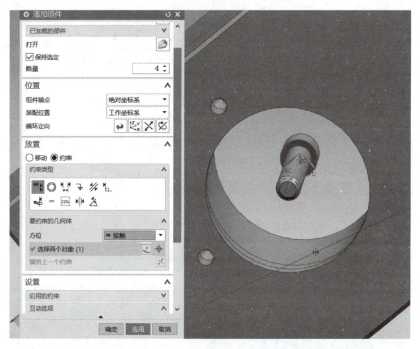

图4-2-10 螺钉头底面和下模座螺钉孔台阶面添加"接触"约束

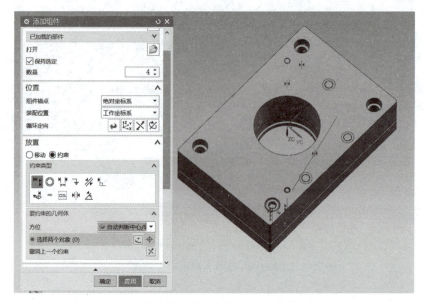

图4-2-11 螺钉中心线和下模座螺钉孔中心线对齐

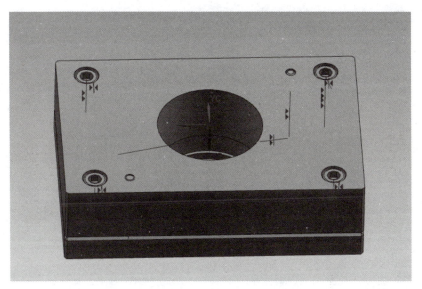

图 4-2-12　螺钉装配后效果

步骤 6. 装配挡料销

选择"添加组件"命令,在弹出的"添加组件"对话框中单击"打开"按钮,系统弹出"部件名"对话框,选择挡料销组件,单击"OK"按钮。在"数量"选项中输入数值"2",在"装配位置"下拉列表中选择"对齐"选项,展开"添加组件"对话框的"放置"选项组,选择"约束"单选按钮,选择第一个"接触对齐"约束类型,为挡料销的销钉头底面和凹模板顶面添加"接触"约束,如图4-2-13所示,然后为挡料销中心线和凹模板其中一个挡料销孔中心线添加"自动判断中心/轴"约束,如图4-2-14所示,按照此方法,完成另一个挡料销的装配,单击"确定"按钮,退出"添加组件"命令,如图4-2-15所示。

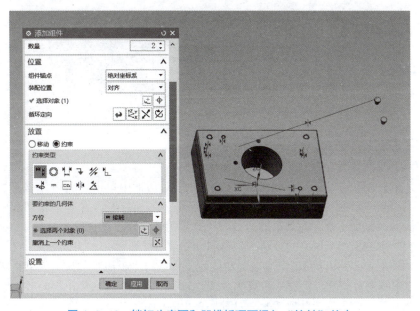

图 4-2-13　销钉头底面和凹模板顶面添加"接触"约束

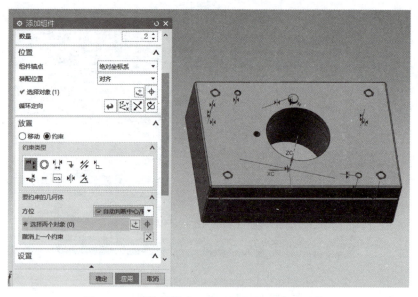

图 4-2-14　挡料销中心线和挡料销孔中心线对齐

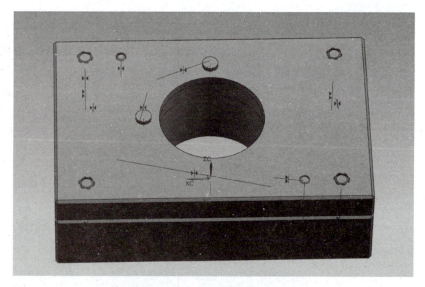

图 4-2-15　挡料销装配后效果

步骤 7. 装配凸模

选择"添加组件"命令，在弹出的"添加组件"对话框中单击"打开"按钮，系统弹出"部件名"对话框，选择凸模组件，单击"OK"按钮。在"装配位置"下拉列表中选择"对齐"选项，展开"添加组件"对话框的"放置"选项组，选择"约束"单选按钮，选择第一个"接触对齐"约束类型，为凸模中心线与凹模板中心孔的中心线添加"自动判断中心/轴"约束，如图 4-2-16 所示，然后为凸模台阶底面和凹模板顶面添加"距离"约束，约束距离为 50（如果设置距离时显示箭头朝下，则输入距离为"50"），如图 4-2-17 所示，单击"确定"按钮，退出"添加组件"命令，完成凸模装配，如图 4-2-18 所示。

步骤 8. 装配橡胶

选择"添加组件"命令,在弹出的对话框中单击"打开"按钮,系统弹出"部件名"对话框,选择橡胶组件,单击"OK"按钮。在"装配位置"下拉列表中选择"对齐"选项,展开"添加组件"对话框的"放置"选项组,选择"约束"单选按钮,选择第一个"接触对齐"约束类型,为橡胶中心线与凸模中心线添加"自动判断中心/轴"约束,如图 4-2-19 所示,然后为橡胶端面与凸模台阶底面添加"接触"约束,如图 4-2-20 所示,单击"确定"按钮,退出"添加组件"命令,到此完成冲裁模三维装配,如图 4-2-21 所示。

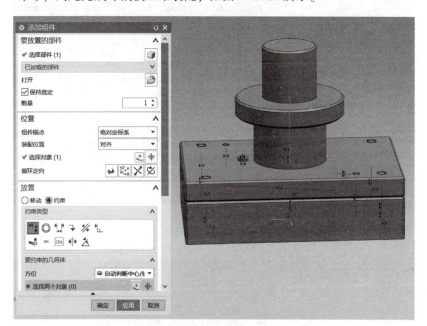

图 4-2-16 凸模中心线与凹模板中心孔的中心线对齐

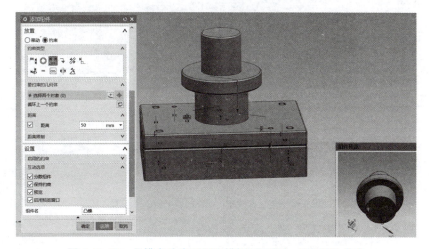

图 4-2-17 凸模台阶底面和凹模板顶面添加"距离"约束

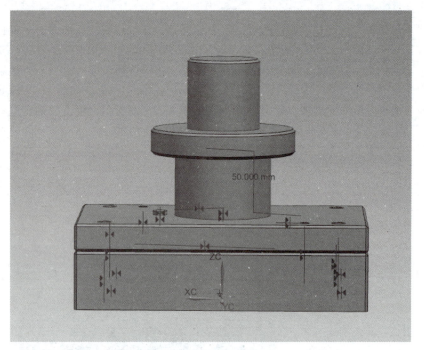

图 4-2-18 凸模装配后效果

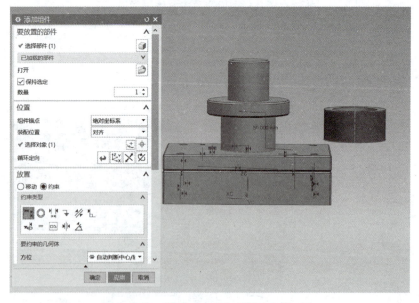

图 4-2-19 橡胶中心线与凸模中心线对齐

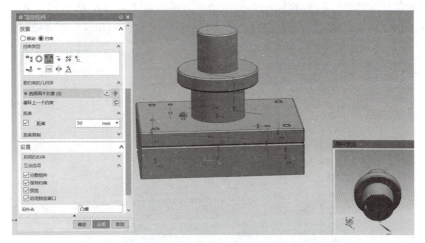

图 4-2-20　橡胶端面与凸模台阶底面添加"接触"约束

图 4-2-21　冲裁模三维装配效果

步骤 9. 新建爆炸图

在功能区中单击"装配"选项卡中单击"爆炸图"命令，在弹出的下拉列表中选择"新建爆炸"选项，弹出"新建爆炸"对话框，爆炸图的默认名为"Explosion 1"，如图 4-2-22 所示，单击"确定"按钮。

步骤 10. 编辑爆炸

选择"装配"选项卡中的"爆炸图"命令，在弹出的下拉列表中选择"编辑爆炸"选项，如图 4-2-23 所示，在弹出的"编辑爆炸"对话框中选中"选择对象"，在绘图区选择凸模零件，然后切换到"移动对象"选项，凸模零件上显示动态坐标系，在绘图区将鼠标指针移至动

冲裁模爆炸图创建

态坐标系 Z 轴箭头形手柄上，按住鼠标左键拖动，将零件沿 Z 轴往上拖动到合适位置后释放鼠标左键，并单击"应用"按钮，即可完成凸模零件爆炸图位置的编辑，如图 4-2-24 所示。

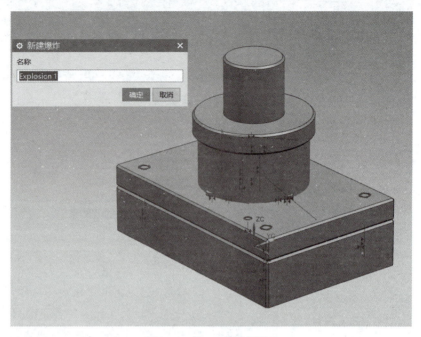

图 4-2-22 "新建爆炸"

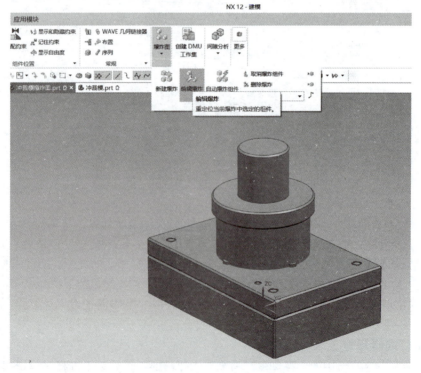

图 4-2-23 选择编辑爆炸命令

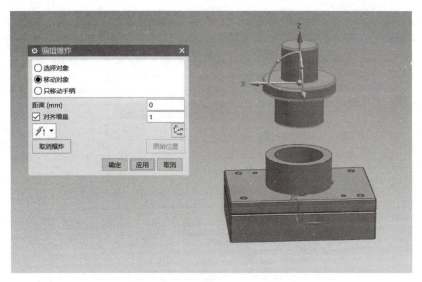

图 4-2-24 移动凸模至合适位置

采用同样的方法将其他零件移动至合适位置,完成编辑后的爆炸图,如图 4-2-25 所示。

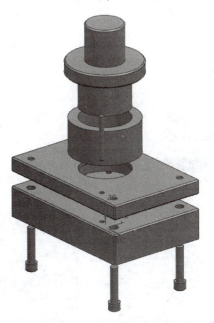

图 4-2-25 冲裁模爆炸图效果

相关知识

一、阵列组件

"阵列组件"是指将组件复制到矩形或圆形图样中。在"装配"选项卡中单击"阵列组件"命令,弹出"阵列组件"对话框,如图 4-2-26 所示。

此对话框中包含三种阵列定义的布局选项,其含义如下:

(1) 线性:以线性布局的方式进行阵列。

阵列组件

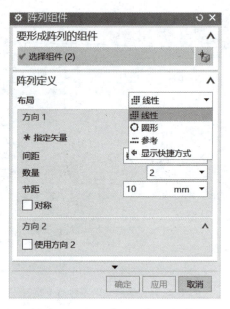

图 4-2-26 "阵列组件"对话框

(2) 圆形：以圆形布局的方式进行阵列。
(3) 参考：自定义的布局方式。

创建"线性"布局组件的步骤如下：在装配模块打开螺钉和下模座组件，单击"阵列组件"命令，弹出"阵列组件"对话框，在"布局"下拉列表中选择"线性"选项，分别设置"方向1"和"方向2"的"指定矢量"为"YC""XC"矢量方向，"间距"类型选择"数量和间隔"，"数量"输入"2"，"方向1"的"节距"输入"124"mm，"方向2"的"节距"输入"192"mm，单击"确定"按钮，完成螺钉的阵列，如图4-2-27所示。

图 4-2-27 "线性"阵列组件

创建"圆形"布局组件的步骤如下：在装配模块打开螺钉组件，单击"阵列组件"命令，弹出"阵列组件"对话框，"指定点"选择为"原点"，"间距"选择"数量和跨距"，"数量"为"6"，"跨角"为"360°"，单击"应用"按钮，完成螺钉的圆形阵列效果，如图4-2-28所示。

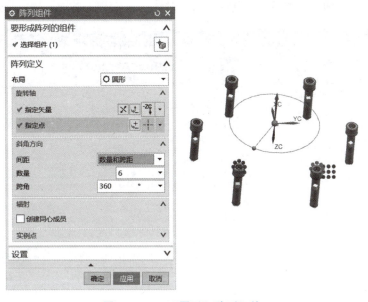

图4-2-28 "圆形"阵列组件

二、镜像装配

对于含有很多组件的对称装配，"镜像装配"命令是很有用的，只需要装配一侧的组件，然后进行镜像即可。"镜像装配"可以对整个装配进行镜像，也可以选择个别组件进行镜像，还可指定要从镜像的装配中排除的组件。单击"装配"选项卡下的"镜像装配"命令，系统弹出如图4-2-29所示的"镜像装配向导"对话框。

镜像装配

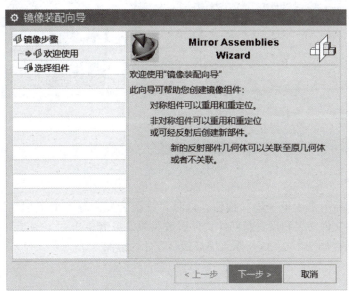

图4-2-29 "镜像装配向导"对话框

在"镜像装配向导"对话框中单击"下一步"按钮,这时"镜像装配向导"对话框如图 4-2-30 所示,然后选取待镜像的组件,其中组件可以是单个或多个。接着单击"下一步"按钮,这时"镜像装配向导"对话框如图 4-2-31 所示,选取基准面为镜像平面,如果没有,可单击"创建基准面"按钮,系统弹出"基准平面"对话框,然后创建一个基准平面为镜像平面。

图 4-2-30 "镜像装配向导"—选择组件

图 4-2-31 "镜像装配向导"—选择平面

完成上述步骤后单击"下一步"按钮,这时"镜像装配向导"对话框如图 4-2-32 所示,然后给这个新部件文件命名和设置新部件文件所放目录。接着单击"下一步"按钮,这时"镜像装配向导"对话框如图 4-2-33 所示,完成螺钉零件的镜像。

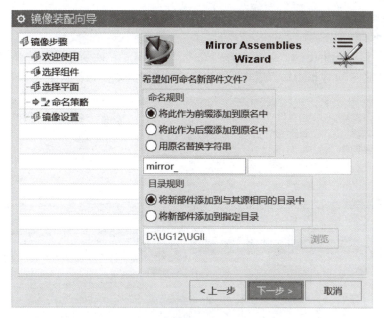

图 4-2-32 "镜像装配向导"—命名和设置目录

图 4-2-33 "镜像装配向导"—完成螺钉零件的镜像

三、爆炸装配图

1. 爆炸图概述

爆炸图是指在同一幅图中,把装配体的组件拆分开,使各组件之间分开一定的距离,以便于观察装配体中的每个组件,清楚地反映装配体的结构。UG 具有强大的爆炸图功能,用户可以方便地建立、编辑和删除一个或多个爆炸图。

1) 爆炸图的特征

(1) 可对爆炸图中的组件进行所有的 NX 操作,如编辑特征参数等。

(2) 任何爆炸图中组件的操作均会影响到非爆炸图中的组件。

(3) 可在任何视图中显示爆炸图。

2) 爆炸图的限制

(1) 不能爆炸装配部件中的实体。

(2) 不能在当前模型中输入爆炸图。

2. 创建爆炸图

具体的创建步骤如下：

选择"爆炸图"面组中的"新建爆炸"命令，如图4-2-34所示，系统弹出"新建爆炸"对话框，在"名称"文本框中输入爆炸图的名称，单击"确定"按钮，生成一个爆炸图。

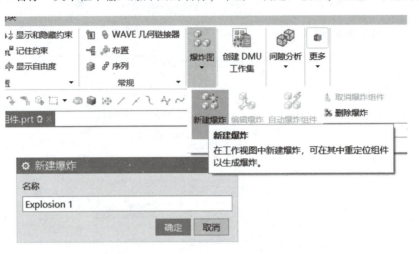

图4-2-34 "新建爆炸"对话框

单击"爆炸图"→"自动爆炸组件"按钮，系统弹出"类选择"对话框，如图4-2-35所示。单击"全选"按钮，系统会选取装配中的所有组件作为爆炸对象，单击"确定"按钮，将弹出如图4-2-36所示的"自动爆炸组件"对话框，在"自动爆炸组件"对话框中的"距离"文本框中输入距离，单击"确定"按钮，生成爆炸图，如图4-2-37所示。

图4-2-35 "自动爆炸组件"中"类选择"对话框

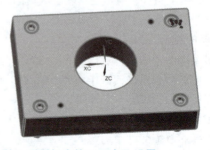

图4-2-36 "自动爆炸组件"对话框中的"距离"设置

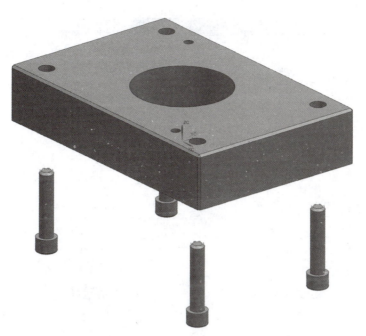

图 4-2-37 自动爆炸效果

3. 编辑爆炸图

单击"爆炸图"→"编辑爆炸"按钮,系统弹出如图 4-2-38 所示的"编辑爆炸"对话框。

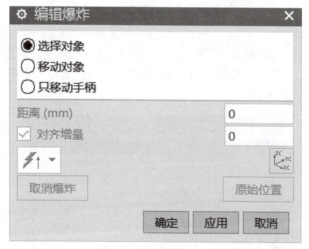

图 4-2-38 "编辑爆炸"对话框

4. 取消爆炸图

单击"爆炸图"→"取消爆炸组件"按钮,系统弹出"类选择"对话框,如图 4-2-39 所示,选择某个组件,单击"确定"按钮,则可将爆炸的组件恢复到爆炸前的位置。

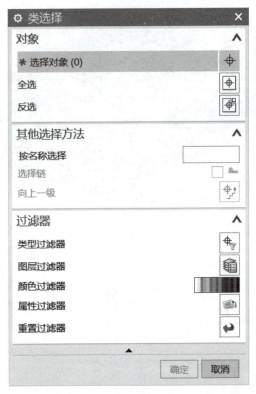

图 4-2-39 "取消爆炸组件"中的"类选择"

5. 删除爆炸图

单击"爆炸图"→"删除爆炸"按钮,系统弹出如图 4-2-40 所示的"爆炸图"对话框,对话框中列出了已建立的爆炸图名称,选择要删除的爆炸图的名称,单击"确定"按钮,即可将所选的爆炸图删除。

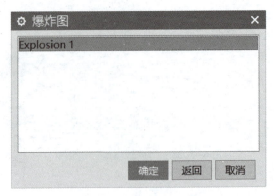

图 4-2-40 "爆炸图"对话框

6. 切换爆炸图

用户可以根据自己的需要,在该下拉菜单中选择要在图形窗口中显示的爆炸图,进行爆炸图的切换,如图 4-2-41 所示。同时,用户也可以选择该下拉菜单中的"(无爆炸)"选项隐藏各个爆炸图。

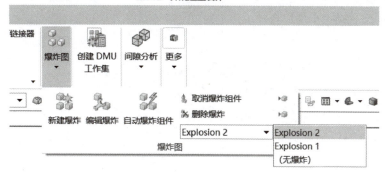

图 4-2-41 切换爆炸图

四、编辑组件

1. 删除组件

选择"菜单"→"编辑"→"删除"命令，系统弹出"类选择"对话框，在该对话框中键入组件的名称，单击"确定"按钮即完成了该项操作；或者在"装配导航器"中选择需要删除的组件，单击鼠标右键，在弹出的快捷菜单中选择"删除"命令。

2. 替换组件

单击"装配"选项卡中的"替换组件"按钮，系统弹出"替换组件"对话框，如图 4-2-42 所示。选择"要替换的组件"和"替换件"，设置相关选项，最后单击"确定"按钮即完成了该项操作。

图 4-2-42 "替换组件"对话框

3. 移动组件

单击"装配"选项卡中的"移动组件"按钮，系统弹出"移动组件"对话框，如图 4-2-43 所示。

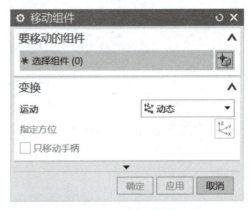

图 4-2-43 "移动组件"对话框

4. 抑制组件与取消组件抑制

"抑制组件"是指将显示部件中的组件及其子组件移除。"抑制组件"并非删除组件，组件的数据仍然保留在装配中，只是不执行一些装配功能，以方便装配。

1）抑制组件

单击"装配"选项卡中的"抑制组件"按钮，系统弹出"类选择"对话框，如图 4-2-44 所示，在绘图区中选中一个零件后，单击"确定"按钮，即在视区中移去了所选组件。

图 4-2-44 "抑制组件"的"类选择"对话框

2）取消抑制组件

单击"装配"选项卡中的"取消抑制组件"按钮，系统弹出"类选择"对话框，选择要解除抑制的组件，单击"确定"按钮，即可完成组件的释放抑制操作。

学有所思

（1）在编辑爆炸图的过程中，如何决定组件移动的先后顺序？

（2）通过案例学习，你认为在装配图和爆炸图创建中，关键要注意哪些问题？

拓展训练

完成如图4-2-45所示轮子装配图及爆炸图的创建。

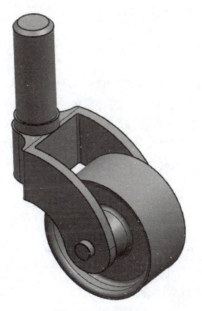

图4-2-45 轮子

项目五 端盖和轮子组件工程图的创建

任务一 端盖工程图的创建

学习目标

【技能目标】
1. 能熟练应用 UG NX 12.0 软件绘制端盖的工程图。
2. 能熟练应用"剖视图"命令创建旋转剖视图。
3. 能熟练应用"尺寸标注"命令创建工程图尺寸。

【知识目标】
1. 掌握"旋转剖视图"命令的使用。
2. 掌握"形位公差"命令的使用。
3. 掌握"注释及中心线"命令的使用。

【态度目标】
1. 培养学生独立思考的能力。
2. 有严谨、踏实的学习态度和团结协作的精神。

工作任务

在 UG 软件中,制图是三维空间到二维空间投影变换得到的二维图形,这些图形严格地与三维模型相关,用户一般不能在二维空间进行随意修改,因为它会破坏零件模型与视图之间的对应关系。用户的主要工作是在投影视图之后,完成图纸需要的其他信息的绘制、标注、说明等。工程制图的内容包括:制图标准的设定、图纸的确定、视图的布局、各种符号的标注(中心线、粗糙度)、尺寸标注、几何形位公差标注、文字说明等。本工作任务主要是完成如图 5-1-1 所示端盖工程图的创建。

任务实施

步骤 1. 启动 UG NX 12.0 对工程图进行前期设置

(1) 打开 UG NX 12.0 软件,选择主菜单中"文件"→"实用工具"→"用户默认设置"命令,弹出如图 5-1-2 所示"用户默认设置"对话框,选中"毫米"为默认单位,单击"确定"按钮,完成单位的设置。

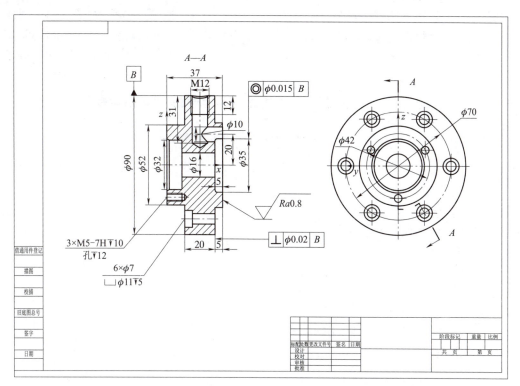

图 5-1-1　端盖工程图

图 5-1-2　"用户默认设置"对话框

(2)选择"基本环境"→"制图"→"常规/设置"→"标准"选项,如图 5-1-3 所示,在"制图标准"下拉列表框中选择"GB",单击"定制标准"按钮,弹出"定制标准按钮-GB"对话框,选择"视图"→"剖切线"选项,在"显示和格式"选项卡中按照图 5-1-4 所示进行设置。

图 5-1-3 "标准"设置

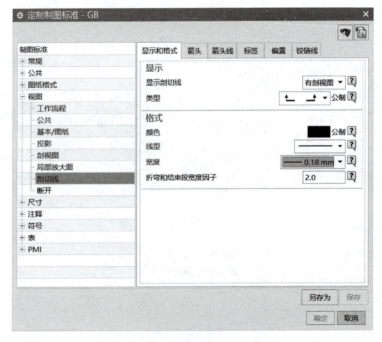

图 5-1-4 设置"剖切线"参数

选择"图纸格式"→"图纸页"选项,在"尺寸和比例"选项卡中按图 5-1-5 所示进行设置。

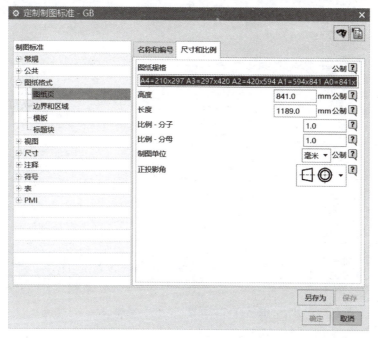

图 5-1-5 设置"图纸页"参数

选择"尺寸"选项,分别设置"公差"和"文本"参数,如图 5-1-6 和图 5-1-7 所示,设置完成后,单击"另存为"按钮,在"标准名称"文本框中输入"GB1",单击"确定"按钮保存,再重新启动 UG。

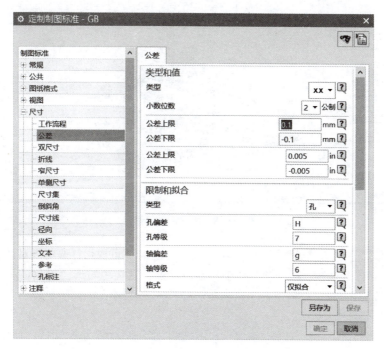

图 5-1-6 设置"公差"参数

图 5-1-7 设置"文本"参数

步骤 2. 进入"制图"模块

打开相应配套资源的端盖源文件,单击"应用模块"面板"设计"组中的"制图"按钮,进入"制图"任务环境,如图 5-1-8 所示。

图 5-1-8 端盖制图环境

选择"菜单"→"首选项"→"可视化"命令,打开"可视化首选项"对话框,在对话框中选择"颜色/字体"面板,在"图纸和布局部件设置"选项中勾选"单色显示"复选框,设置"背景"颜色为"白色",如图 5-1-9 所示。

步骤 3. 新建图纸

单击"新建图纸页"命令按钮,激活"工作表"对话框,"大小"选择"使用模板",图纸列表选择"A3-无视图",如图 5-1-10 所示,单击"确定"按钮。

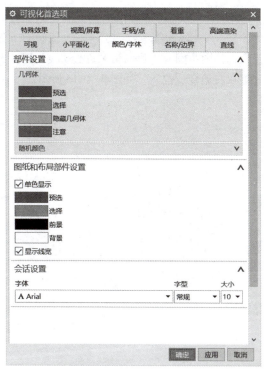

图 5-1-9 设置制图环境界面效果

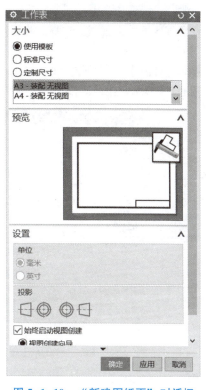

图 5-1-10 "新建图纸页"对话框

步骤 4. 创建俯视图

单击"视图"组中的"基本视图"命令,弹出"基本视图"对话框,在"模型视图"中"要使用的模型视图"栏选择"俯视图",在"比例"栏选择"1:1",移动鼠标将左视图放至合适位置,如图 5-1-11 所示,单击"关闭"按钮退出当前命令。

图 5-1-11 "基本视图"对话框

步骤 5. 创建剖视图

在绘图区选中左视图，选择"视图"组中的"剖视图"命令，弹出"剖视图"对话框。在"剖视图"对话框的"方法"下拉列表中选择"旋转"，选择如图 5-1-12 所示大圆圆心 1 作为旋转点，选择图中交点 2 作为第一段截切线位置，选择图中圆心 3 作为第二段截切线位置，选择图中圆心 4 作为第三段截切线位置，将剖视图放置在右侧合适位置，如图 5-1-13 所示。

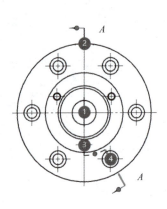

图 5-1-12　"剖视图"对话框

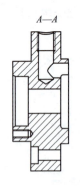
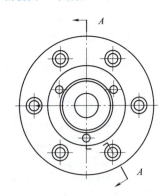

图 5-1-13　添加剖视图后效果

步骤 6. 添加中心线

使用"注释"工具栏"中心线"下拉菜单中"螺栓圆中心线"命令为俯视图添加圆形中心线，结果如图 5-1-14 所示。

使用"注释"工具栏"中心线"下拉菜单中"2D 中心线"命令为剖视图添加孔中心线，如图 5-1-15 所示。

步骤 7. 尺寸标注

单击"尺寸"面板中的"快速尺寸"命令，标注端盖水平和竖直线性尺寸，如图 5-1-16 所示。

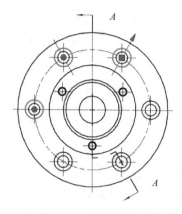

图 5-1-14　添加"螺栓圆中心线"

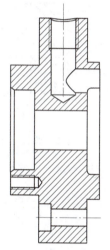

图 5-1-15　添加孔的中心线

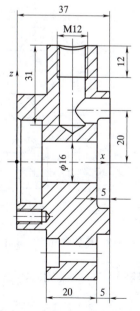

图 5-1-16　标注端盖水平和竖直线性尺寸

选择"尺寸"面板中的"快速尺寸"命令,标注端盖圆柱形尺寸,如图5-1-17所示。
选择"快速尺寸"命令标注直径尺寸 $\phi70$ 和 $\phi42$,如图5-1-18所示。

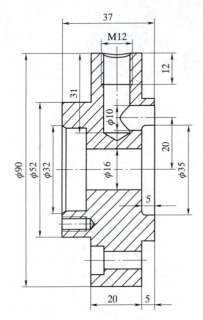

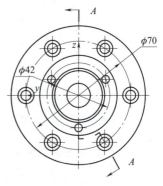

图5-1-17　标注端盖圆柱形尺寸　　　　图5-1-18　标注端盖尺寸

选择"注释"面板中的"注释"命令,添加沉孔和螺纹孔尺寸,如图5-1-19所示。

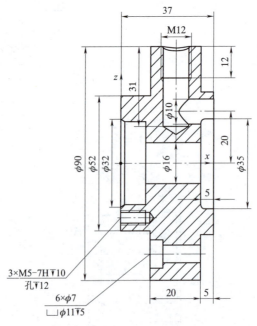

图5-1-19　标注沉孔和螺纹孔尺寸

选择"注释"面板中的"特征控制框"命令,添加形位公差。

步骤8. 标注表面粗糙度符号

选择"注释"面板中的"表面粗糙度"命令,弹出"表面粗糙度"对话框,如图5-1-20

所示，选择"除料"中"修饰符，需要除材料"选项，在"波纹（c）"文本框中输入表面粗糙度数值"Ra0.8"，选择放置边，拖拉鼠标左键选择合适的放置位置后单击左键，创建表面粗糙度为 $Ra0.8\ \mu m$。同理创建表面粗糙度为"Ra3.2"的符号，选择放置位置。制作的工程图效果如图 5-1-21 所示。

图 5-1-20　"表面粗糙度"对话框

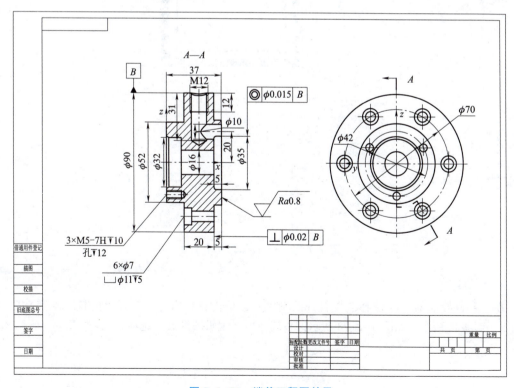

图 5-1-21　端盖工程图效果

相关知识

UG NX 12.0 的制图功能包括图纸页的管理、各种视图的管理、尺寸和注释标注管理以及表格和零件明细表的管理等。这些功能中又包含很多子动能，例如在视图管理中，其包括基本视图的管理、剖视图的管理、展开图的管理、局部放大图的管理等。下面，将着重介绍常用的命令。

一、工程图的管理

1. 新建图纸

进入制图模块后，单击"视图"面板中的"新建图纸页"命令，系统将弹出如图 5-1-22 所示的"工作表"对话框。

工程图的管理

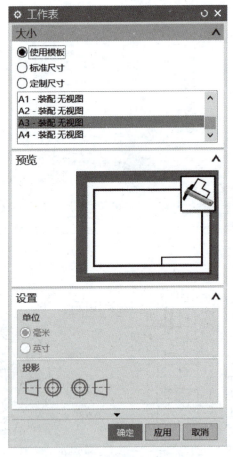

图 5-1-22 "工作表"对话框

2. 编辑图纸

在"部件导航器"中选择需要打开的图纸页，单击鼠标右键，在弹出的快捷菜单中选择"编辑图纸页"命令，如图 5-1-23 所示，系统弹出"编辑图纸页"选项。

图 5-1-23 "编辑图纸页"选项

二、添加视图

1. 基本视图

要创建基本视图，可单击"视图"面板中的"基本视图"命令，系统将弹出如图 5-1-24 所示的"基本视图"对话框。

基本视图和投影视图

图 5-1-24 "基本视图"对话框

2. 投影视图

在创建好基本视图后继续移动鼠标，此时将自动弹出如图 5-1-25 所示的"投影视图"对话框，然后在视图中的适当位置单击鼠标左键即可添加其他投影视图。

3. 简单剖视图

选择"视图"面板中的"剖视图"命令，系统将弹出如图 5-1-26 所示的"剖视图"对话框。

简单剖视图的创建

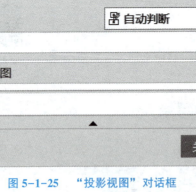

图 5-1-25 "投影视图"对话框　　图 5-1-26 "剖视图"对话框

4. 半剖视图

半剖视图的创建

选择"视图"面板中的"剖视图"命令，系统将弹出如图 5-1-27 所示的"剖视图"对话框。在"截面线"选项组的"定义"下拉式列表中选择"动态"，在"方法"下拉式列表中选择"半剖"，需要时可以在"父视图"选项组中单击"视图"按钮，在图纸页上选择父视图，单击"截面线段"选项组中的"指定位置"按钮，在视图中选择如图 5-1-28 所示的中点 1 作为截面线段位置，接着选择如图 5-1-28 所示的中点 2 完成定义截面线段位置，最后在图纸页上指定放置视图的位置，从而完成创建半剖视图操作。

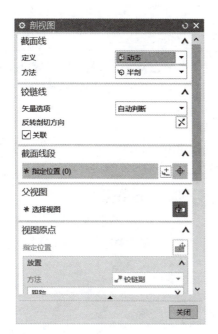

图 5-1-27 "剖视图"对话框—半剖

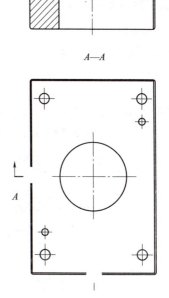

图 5-1-28 半剖视图截面线位置

5. 旋转剖视图

选择"视图"面板中的"剖视图"命令，系统将弹出如图 5-1-29 所示的"剖视图"对话框。在"截面线"选项组中的"定义"下拉式列表中选择"动态"，"方法"下拉式列表中选择"旋转"，如果当前图纸页中有多个视图，可以使用"父视图"选项组在图纸页选择父视图，在"截面线段"选项组中用"指定旋转点"功能来定义旋转点，通过"指定支线 1 位置（0）"指定支线 1 切割位置，通过"指定支线 2 位置（0）"指定支线 2 切割位置，最后指定放置视图位置。

图 5-1-29 "剖视图"对话框—旋转

三、标注工程图

在 UG NX 12.0 的尺寸和注释标注功能中,包括水平、竖直、平行、垂直等常见尺寸的标注,也包括水平尺寸链、竖直尺寸链的标注,还包括形位公差和文本信息等的标注。

1. 尺寸标注

1)快速尺寸

单击"尺寸"面板中的"快速尺寸"按钮,弹出如图 5-1-30 所示的"快速尺寸"对话框。该工具由系统自动推断出选用哪种尺寸标注,默认包括所有的尺寸标注形式。

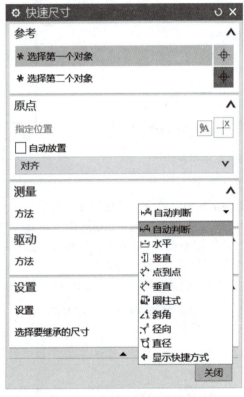

图 5-1-30 "快速尺寸"对话框

"快速尺寸"对话框中的各种测量方法如下:

(1)自动判断:系统根据所选对象的类型和鼠标位置自动判断出选用哪种尺寸标注类型进行尺寸标注。

(2)水平:用于指定约束两点间距离与 XC 轴平行的尺寸,选择好参考点后,移动鼠标到合适位置,单击"确定"按钮就可以在所选的两个点之间建立水平尺寸标注。

(3)竖直:用于指定约束两点间距离与 YC 轴平行的尺寸,选择好参考点后,移动鼠标到合适位置,单击"确定"按钮就可以在所选的两个点之间建立竖直尺寸标注。

(4)点到点:用于指定与约束两点间的距离,选择好参考点后,移动鼠标到合适位置,单击"确定"按钮就可以建立尺寸标注平行于所选的两个参考点的连线。

(5)垂直:选择该选项后,首先选择一个线性的参考对象,线性参考对象可以是存在的直线、线性的中心线、对称线或者是圆柱中心线,然后利用捕捉点工具条在视图中选定义尺寸的参考点，移动鼠标到合适位置，单击"确定"按钮就可以建立尺寸标注。建立的尺寸为参考点和线性参考之间的垂直距离。

2）线性尺寸

通常可将 6 种不同线性尺寸中的一种创建为独立尺寸，或者在尺寸集中选择链或基线，创建为一组链尺寸或基线尺寸。单击"线性尺寸"按钮，弹出如图 5-1-31 所示的"线性尺寸"对话框。

图 5-1-31 "线性尺寸"对话框

"线性尺寸"对话框中的测量方法（其中水平、竖直、点到点、垂直与前面"快速尺寸"中的一致，这里不再列举）如下。

（1）圆柱式：该选项以所选两对象或点之间的距离建立圆柱的尺寸标注。系统自动将默认的直径符号添加到所建立的尺寸标注上，在"尺寸型式"对话框中可以自定义直径符号和直径符号与尺寸文本的相对关系。

（2）孔标注：该选项用于标注视图中孔的尺寸。在视图中选取圆弧特征，系统自动建立尺寸标注，并且自动添加直径符号，所建立的标注只有一条引线和一个箭头。

3）径向尺寸

用于标注圆弧或圆的半径或直径尺寸。单击"径向尺寸"命令，弹出如图 5-1-32 所示"径向尺寸"对话框，下面介绍测量方法。

（1）直径：该选项用于标注视图中的圆弧或圆。在视图中选取圆弧或圆后，系统自动建立尺寸标注，并且自动添加直径符号，所建立的标注有两个方向相反的箭头。

(2)径向：该选项用于建立径向尺寸标注，所建立的尺寸标注包括一条引线和一个箭头，并且箭头从标注文本指向所选的圆弧。系统还会在所建立的标注中自动添加半径符号。

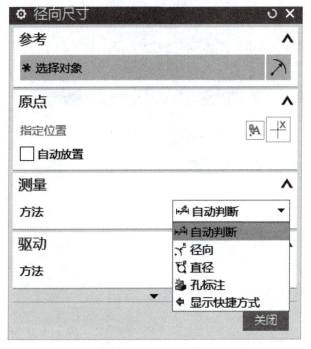

图 5-1-32 "径向尺寸"对话框

4）角度尺寸

该选项用于标注两个不平行的线性对象间的角度尺寸。

5）倒斜角尺寸

该选项用于定义倒角尺寸，但是该选项只能用于45°角的倒角。在"尺寸型式"对话框中可以设置倒角标注的文字、导引线等的类型。

6）厚度尺寸

该选项用于标注等间距两对象之间的距离尺寸。选择该项后，在图纸中选取两个同心而半径不同的圆，选取后移动鼠标到合适位置，单击鼠标系统标注出所选两圆的半径差。

7）弧长尺寸

该选项用于建立所选弧长的长度尺寸标注，系统自动在标注中添加弧长符号。

2. 尺寸修改

尺寸标注完成后，如果要进行修改，则直接双击该尺寸，就可以重新出现尺寸标注的环境，修改成为需要的型式即可；或者先单击该尺寸，选中后右击，弹出如图 5-1-33 所示的快捷菜单。

1）原点

用于定义整个尺寸的起始位置、文本摆放位置等。

2）编辑

单击该命令，打开相应的对话框和编辑工具栏，如图 5-1-34 所示，可以在小工具栏中对尺寸添加公差、修改精度、添加文字等。

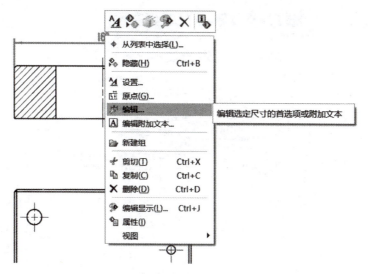

图 5-1-33 尺寸编辑的快捷菜单

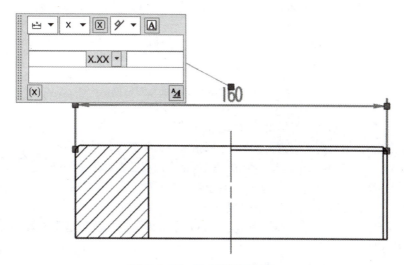

图 5-1-34 尺寸编辑工具栏

3）编辑附加文本

单击该命令，打开"附加文本"对话框，可在尺寸上追加详细的文本说明。

4）设置

单击该命令，打开"设置"对话框，可以重新进行尺寸的参考设置。

5）其他命令

类似于基本软件的操作，可以对尺寸标注进行删除、隐藏、编辑颜色和线宽等操作。

3. 表面粗糙度标注

选择"菜单"→"插入"→"注释"→"表面粗糙度符号"命令，或选择"主页"选项卡"注释"面板中的"表面粗糙度"命令，弹出如图 5-1-35 所示的"表面粗糙度"对话框，该对话框用于插入表面粗糙度符号。

1）属性

（1）除料：用于指定符号类型。

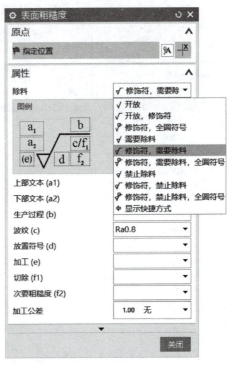

图 5-1-35 "表面粗糙度"对话框

（2）图例：用于显示表面粗糙度符号参数的图例。

（3）上部文本（a1）：用于选择一个值，以指定表面粗糙度的最大限制。

（4）下部文本（a2）：用于选择一个值，以指定表面粗糙度的最小限制。

（5）生产过程（b）：选择一个选项，以指定生产方法、处理或涂层。

（6）波纹（c）：波纹是比粗糙度间距更大的表面不规则性。

（7）放置符号（d）：用于选择一个选项，以指定放置方向。放置是由工具标记或表面条纹生成的主导表面图样的方向。

（8）加工（e）：指定材料的最小许可移除量。

（9）切除（f1）：指定粗糙度切除。粗糙度切除是表面不规则性的采样长度，用于确定粗糙度的平均高度。

（10）次要粗糙度（f2）：指定次要粗糙度值。

（11）加工公差：指定加工公差的公差类型。

2）设置

（1）设置：单击此按钮，打开"设置"对话框，用于指定显示实例的样式的选项。

（2）角度：更改符号的方位。

（3）圆括号：在表面粗糙度符号旁边添加（左侧、右侧或两侧）。

4. 形位公差标注

为了提高产品质量，使其性能优良并有较长的使用寿命，除了给零件恰当的尺寸公差和表面粗糙度外，还应规定适当的几何精度，以限制零件要素的形状和位置公差，并将这些要求标注在图纸上。

在"制图"应用模块下，单击"主页"选项卡"注释"组中的"特征控制框"命令，弹出如图 5-1-36 所示的"特征控制框"对话框,该对话框用于插入形位公差符号。

图 5-1-36 "特征控制框"对话框

1) 框

(1) 特性:指定几何控制符号类型。

(2) 框样式:可指定样式为单框或复合框。

(3) 公差。

单位基础值:适用于直线度、平面度、线轮廓度和面轮廓度特性,可以为单位基础面积类型添加值。

复合基准参考:单击此按钮,打开"复合基准参考"对话框,该对话框允许向主基准参考、第二基准参考或第三基准参考单元格添加附加字母、材料状况和自由状态符号,其余值的含义如图 5-1-37 所示。

2) 文本

(1) 文本框:用于在特征控制框前面、后面、上面或下面添加文本。

(2) 符号-类别:用于从不同类别的符号类型中选择符号。

图 5-1-37　公差和第一基准参考中值的含义

学有所思

（1）如何准确地制作零件的旋转剖视图？

（2）通过案例学习，你认为在尺寸标注的过程中，需要注意哪些细节问题？

拓展训练

完成如图 5-1-38 所示底座工程图的创建。

图 5-1-38　底座

任务二 轮子组件工程图的创建

学习目标

【技能目标】
1. 会创建轮子组件装配工程图的各种视图。
2. 能在轮子组件装配工程图中标注技术参数和技术要求。

【知识目标】
1. 掌握装配工程图的技术规范。
2. 掌握创建装配工程图的各命令。

【态度目标】
1. 具有团结协作的精神和集体观念。
2. 树立质量意识，养成良好的职业素养。

工作任务

任何机器或部件都是由零件装配而成的。读装配图是工程技术人员必备的一种能力，在设计、装配、安装、调试以及进行技术交流时都要读装配图。本工作任务是通过对轮子组件（见图5-2-1）工程图的创建，掌握装配工程图的设计。

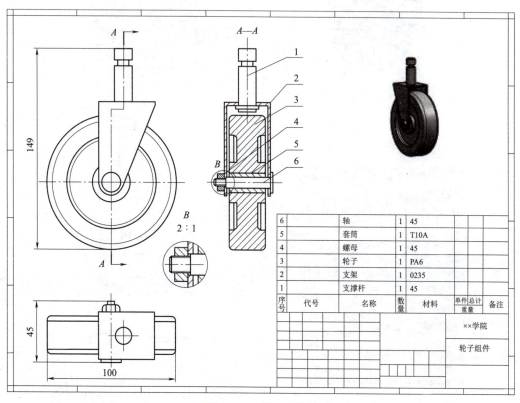

图5-2-1 装配工程图

> 任务实施

步骤 1. 打开装配文件

打开源文件 x：产品三维造型设计 \ 5 \ lunzi \ zhuangpei.prt，如图 5-2-2 所示。

步骤 2. 进入制图模块

单击"应用模块"→"制图"按钮，进入制图模块。单击"新建图纸页"按钮，弹出"工作表"对话框，按图 5-2-3 所示进行设置，设置完成后单击"确定"按钮。

步骤 3. 添加基本视图

单击"菜单"→"插入"→"视图"→"基本"按钮，弹出"基本视图"对话框，如图 5-2-4 所示，选择视图默认为俯视图，在图纸左上角的合适位置单击鼠标左键，放置基本视图，系统自动弹出"投影视图"对话框，向下移动鼠标到合适位置，单击鼠标左键，创建俯视图，如图 5-2-5 所示，然后按"Esc"键退出命令。

图 5-2-2　轮子组件

图 5-2-3　"工作表"对话框

图 5-2-4　"基本视图"对话框

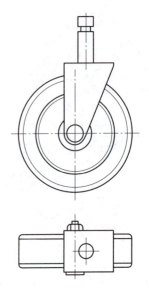

图 5-2-5　创建主、俯视图

步骤4. 添加阶梯剖视图

（1）选择主视图并右击，在弹出的快捷菜单中选择"添加剖视图"选项，系统弹出"剖视图"对话框，指定轮子圆心为第一个剖切点，单击"剖切线段"中的"指定位置"按钮；指定支承顶端中心为第二个剖切点，单击"方向"中的"指定位置"按钮，然后向右移动鼠标到合适位置，单击左键，如图5-2-6所示，按"Esc"键退出。

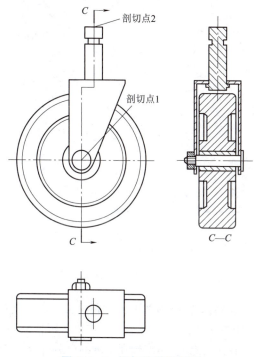

图5-2-6　添加阶梯剖视图

（2）隐藏光顺边。分别选中三个视图右击，在弹出的快捷方式中选择"设置"按钮，弹出"设置"对话框，单击"光顺边"选项，在"显示光顺边"复选框中取消勾选，如图5-2-7所示，单击"确定"按钮。三个视图隐藏光顺边后效果如图5-2-8所示。

图5-2-7　"设置"对话框

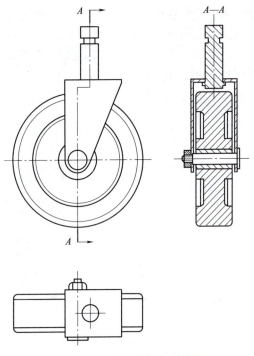

图 5-2-8　隐藏光顺边后效果

（3）设置非剖切组件。选择右侧剖视图单击鼠标右键，单击"剖视图"按钮，弹出"剖视图"对话框，在"非剖切"中单击"选择对象（2）"按钮，如图 5-2-9 所示，在剖视图中选择支承和轴两个组件，单击"确定"按钮。再次选择右侧剖视图右击，在快捷菜单中单击"更新"按钮，更新后效果如图 5-2-10 所示。

图 5-2-9　"剖视图"对话框

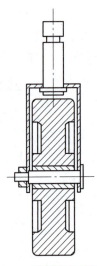

图 5-2-10　设置非剖切组件效果

（4）添加局部放大视图。单击"局部放大图"按钮，或者选择"菜单"→"插入"→"视图"→"局部放大图"命令，系统弹出"局部放大图"对话框，如图 5-2-11 所示。选择局部放大图边界曲线"类型"为"圆形",在父视图上单击放大中心位置,在"局部放大图"对话框的"比例"中选择"2∶1",绘制边界曲线,将光标移动到所需的位置,单击左键放置视图,如图5-2-12所示。

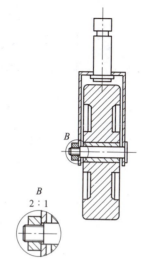

图5-2-11　"局部放大图"对话框　　　　图5-2-12　局部放大图效果

步骤5. 添加轴测图

单击"菜单"→"插入"→"视图"→"基本"按钮,弹出"基本视图"对话框,在"比例"下拉列表中选择"1∶2"选项,再单击"定向视图工具"按钮,弹出"定向视图工具"对话框和"定向视图"窗口,如图5-2-13所示。将光标移动到"定向视图"窗口内,将视图旋转到合适方位,在"定向视图"中单击滚轮,按下鼠标左键拖曳,把三维图放到合适位置后松开左键,如图5-2-14所示。

图5-2-13　"定向视图工具"和"定向视图"窗口

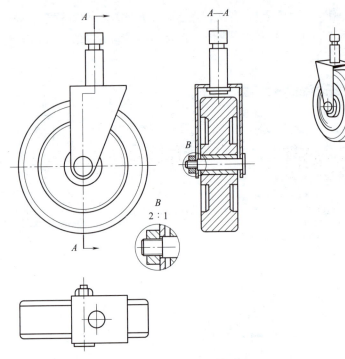

图 5-2-14 添加轴测图

步骤 6. 轮子轴测图着色

选择轮子轴测图右击,在弹出的快捷方式中单击"设置"按钮,弹出"设置"对话框,单击"着色"选项,在"渲染样式"中选择"完全着色"选项,如图 5-2-15 所示。单击"确定"按钮,着色效果如图 5-2-16 所示。

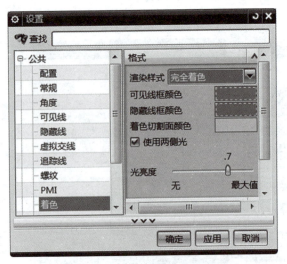

图 5-2-15 "设置"对话框

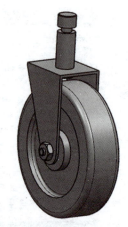

图 5-2-16 轴测图着色

步骤 7. 标注序号

选择"菜单"→"插入"→"注释"→"符号标注"命令,弹出"符号标注"对话框,在"类型"的下拉列表中选择"下划线"选项,在"文本"中输入零件序号,如图 5-2-17 所示。

在指定原点按住鼠标拖动到合适位置，单击左键建立一个零件的序号。同理建立其他零件序号，如图5-2-18所示，全部建完后单击"关闭"按钮。

图5-2-17 "符号标注"对话框

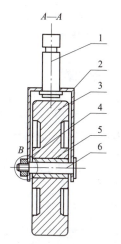

图5-2-18 标注零件序号

步骤8. 调用图框

单击"文件"→"导入"→"部件"按钮，弹出"导入部件"对话框，单击"确定"按钮，选择源文件中：5\lunzi\A3.prt，单击"OK"按钮，弹出"点"对话框，选用默认值，单击"确定"按钮，将A3标准图框导入，如图5-2-19所示。

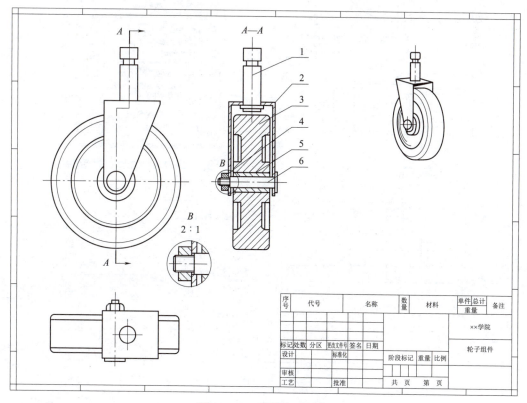

图5-2-19 调用标准图框

步骤 9. 添加尺寸标注

单击“快速”按钮，弹出“快速尺寸”对话框，在“方法”下拉列表中选择“水平”选项；然后选取俯视图中轮子两个边，放置尺寸 100 mm 到俯视图合适位置。再在“快速尺寸”对话框“方法”下拉列表中选择“竖直”选项，标注 45 mm 和 149 mm 的竖直尺寸，如图 5-2-20 所示。

步骤 10. 填写标题栏

在功能区“主页”选项卡的“注释”组中单击“注释”按钮，弹出“注释”对话框，如图 5-2-21 所示，在该对话框“格式设置”下拉列表中选“chinesef”选项，在文本框中输入“轮子组件”等内容，将文本放在标题栏中，如图 5-2-22 所示。

图 5-2-20　尺寸标注

图 5-2-21　“注释”对话框

序号	代号		名称		数量	材料		单件 总计 重量	备注
								××学院	
标记	处数	分区	更改文件号	签名	日期				
设计			标准化			阶段标记	重量	比例	轮子组件
审核									
工艺			批准			共　页	第　页		

图 5-2-22　填写标题栏内容

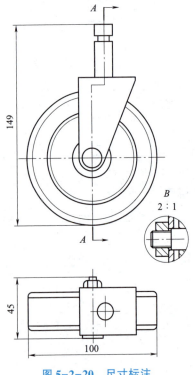

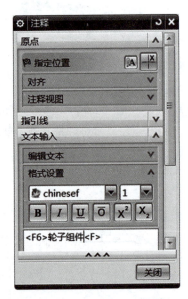

步骤 11. 创建装配明细表

选择标题行单击鼠标右键,在下拉列表中选择"行",如图 5-2-23 所示;然后再次选择标题行并单击鼠标右键,在"插入"子菜单中选择"行下方(B)"选项(见图 5-2-24),增加一行明细表,如图 5-2-25 所示。同理,增加 6 行明细表。

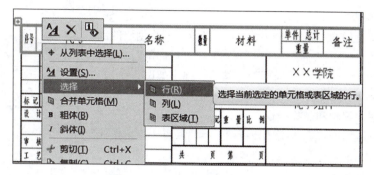

图 5-2-23 创建明细表(一)

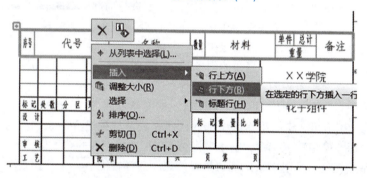

图 5-2-24 创建明细表(二)

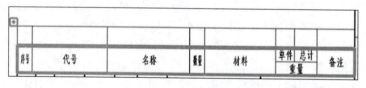

图 5-2-25 增加一行明细表

步骤 12. 填写明细表内容

双击明细表单元格,输入明细表中内容,如图 5-2-26 所示,完成轮子组件装配工程图的创建。单击"保存"按钮,将文件保存。

6		轴	1	45			
5		套筒	1	T10A			
4		螺母	1	45			
3		轮子	1	PA6			
2		支架	1	0235			
1		支撑杆	1	45			
序号	代号	名称	数量	材料	单件	总计	备注
					重量		

图 5-2-26 添加文本内容

> 相关知识

一、添加视图

1. 局部剖视图

局部剖视图是指通过移除父视图中的一部分区域来创建的剖视图。选择"菜单"→"插入"→"视图"→"局部剖"命令,或在"主页"选项卡中单击"局部剖"按钮,弹出如图5-2-27所示的"局部剖"对话框,应用对话框中的选项就可以完成局部剖视图的创建、编辑和删除操作。

创建局部剖视图的步骤包括选择视图、指出基点、指出拉伸矢量、选择曲线和编辑边界曲线5个步骤。

在创建局部剖视图之前,用户先要定义与视图关联的局部剖视边界。定义局部剖视边界的方法:在工程图中选择要进行局部剖视的视图,单击鼠标右键,从快捷菜单中选择"扩展"命令,

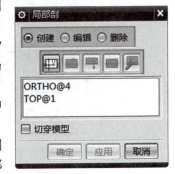

图5-2-27 "局部剖"对话框

进入视图成员模型工作状态。用曲线功能在要产生局部剖切的部位创建局部剖切的边界线。完成边界线的创建后,在绘图工作区中单击右键,再从快捷菜单中选择"扩展"命令,恢复到工程图状态,这样即建立了与选择视图相关联的边界线。

(1)选择视图:当系统弹出如图5-2-27所示的对话框时,"选择视图"按钮自动被激活,并提示选择视图。用户可在绘图工作区中选择已建立局部剖视边界的视图作为父视图,并可在对话框中选取"切穿模型"复选框,它用来将局部剖视边界以内的图形部分清除。

(2)指出基点:基点是用来指定剖切位置的点。选择视图后,该按钮被激活,在与局部剖视图相关的投影视图中,选择一点作为基点,来指定局部剖视的剖切位置。

(3)指出拉伸矢量:指定了基点位置后,"局部剖"对话框变为如图5-2-28所示的矢量选项形式。这时,绘图工作区中会显示默认的投影方向,用户可以接受默认方向,也可用矢量功能选项指定其他方向作为投影方向。如果要求的方向与默认方向相反,则可单击"矢量反向"按钮。设置好了合适的投影方向后,单击"选择曲线"按钮进入下一步操作。

(4)选择曲线:曲线决定了局部剖视图的剖切范围。进入这一步后,对话框变为如图5-2-29所示的形式。此时,用户可利用对话框中的"链"按钮选择剖切面,也可直接在图形中选择。当选取错误时,可用"取消选择上一个"按钮来取消前一次选择。如果选择的剖切边界符合要求,则进入下一步。

图5-2-28 指出拉伸矢量

图5-2-29 选择剖切边界

（5）修改边界曲线：选择了局部剖视边界后，该按钮被激活，对话框变为如图5-2-30所示的形式，其相关选项包括"对齐作图线"复选框。如果用户选择的边界不理想，则可利用该步骤对其进行编辑修改。如果用户不需要对边界进行修改，则可直接跳过这一步，单击"应用"按钮，即可生成如图5-2-31所示的局部剖视图。

图 5-2-30　编辑剖切边界

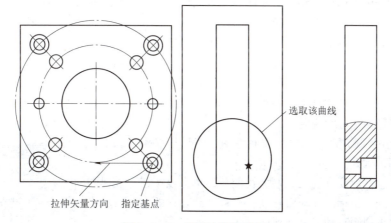

图 5-2-31　局部剖视图效果

2. 局部放大视图

在绘制工程图时，经常需要将某些细小结构（如退刀槽、越乘槽等，以及在视图中表达不够清楚或者不便标注尺寸的部分结构）进行放大显示，这时就可以通过局部放大视图的操作来放大显示某部分的结构。局部放大视图的边界可以定义为圆形，也可以定义为矩形。选择"菜单"→"插入"→"视图"→"局部放大图"命令，或在"主页"选项卡中单击"局部放大图"按钮，弹出"局部放大图"对话框，如图5-2-32所示。在操作过程中，需在工程图中定义放大视图边界的类型，指定要放大的中心点，然后指定放大视图的边界点，在对话框中可以设置视图放大的比例，并拖动视图边框到理想位置，系统会将设置的局部放大图定位于工程图中，效果如图5-2-33所示。

图 5-2-32　"局部放大图"对话框

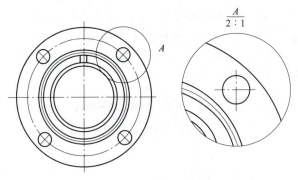

图 5-2-33　局部放大图

二、编辑工程图

1. 删除视图

在绘图工作区中选择要删除的视图，单击鼠标右键，在弹出的快捷菜单中选择"删除"选项即可将所选的视图从工程图中移去。

2. 移动或复制视图

工程图中任何视图的位置都是可以改变的，可通过移动视图的功能来重新指定视图的位置。单击"菜单"→"编辑"→"视图"→"移动/复制"按钮，弹出如图 5-2-34 所示的"移动/复制视图"对话框，该对话框由视图列表框、移动或复制方式图标及相关选项组成。下面对各个选项的功能及用法进行说明。

（1）移动/复制方式："移动/复制视图"对话框提供了以下 5 种移动或复制视图的方式。

①至一点：选取要移动或复制的视图后，单击该按钮，该视图的一个虚拟边框将随着鼠标的移动而移动，当移动到合适的位置后单击鼠标左键，即可将该视图移动或复制到指定点。

②水平：在工程图中选取要移动或复制的视图后，单击该按钮，移动鼠标，或者在文本框中输入点的坐标，系统即可沿水平方向移动或复制该视图。

③竖直：在工程图中选取要移动或复制的视图后，单击该按钮，系统即可沿竖直方向移动或复制该视图。

④垂直于直线：在工程图中选取要移动或复制的视图后，单击该按钮，系统即可沿垂直于一条直线的方向移动或复制该视图。

⑤至另一图纸：在工程图中选取要移动或复制的视图后，单击按钮，系统弹出如图 5-2-35 所示"视图至另一图纸"对话框，在该对话框中选择要移至的图纸，单击"确定"按钮。

图 5-2-34　"移动/复制视图"对话框

图 5-2-35　"视图至另一图纸"对话框

（2）"复制视图"复选框。该复选框用于指定视图的操作方式是移动还是复制，选中该复选框，系统将复制视图，否则将移动视图。

（3）"视图名"文本框。该文本框可以指定进行操作的视图名称，用于选择需要移动或是复制的视图，其与在绘图工作区中选择视图的作用相同。

（4）"距离"复选框。"距离"复选框用于指定移动或复制的距离。选择该复选框，即可按文本框中指定的距离值移动或复制视图，不过该距离是按照规定的方向来计算的。

（5）"取消选择视图"选项。该选项用于取消已经选择过的视图，以进行新的视图选择。

3. 对齐视图

对齐视图是指选择一个视图作为参照，使其他视图以参照视图进行水平或竖直方向对齐。选择"菜单"→"编辑"→"视图"→"对齐"命令，弹出如图5-2-36所示的"视图对齐"对话框，该对话框由视图列表框、视图对齐方式、视图对齐选项和矢量选项等组成，各个选项的功能及含义如下。

（1）对齐方式。系统提供了五种视图对齐的方式。

①叠加：将所选视图按基准点进行叠加对齐。

②水平：将所选视图按基准点进行水平对齐。

③竖直：将所选视图按基准点进行垂直对齐。

④垂直于直线：将所选视图按基准点垂直于某一直线对齐。

⑤自动判断：根据所选视图按基准点的不同，用"自动判断"的方式对齐视图。

（2）视图对齐选项。视图对齐选项用于设置对齐时的基准点。基准点是视图对齐时的参考点，对齐基准点的选择方式有以下三种：

①对齐至视图：选择视图的中心点作为基准点。

②模型点：选择模型中的一点作为基准点。

③点到点：按点到点的方式对齐各视图中所选择的点。选择该选项时，用户需要在各对齐视图中指定对齐基准点。

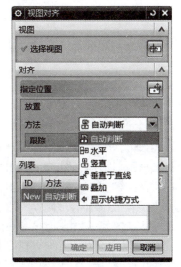

图5-2-36 "视图对齐"对话框

在对齐视图时，先要选择对齐的基准点方式，并在视图中指定一个点作为对齐视图的基准点，然后在视图列表框或绘图工作区中选择要对齐的视图，再在对齐方式中选择一种视图的对齐方式，则选择的视图会按所选的对齐方式自动与基准点对齐。当视图选择错误时，可单击"取消选择视图"按钮，取消选择的视图。

4. 编辑视图

在"部件导航器"中选择"图纸"工作表中要编辑的视图，或在绘图工作区中选择要编辑的视图，单击鼠标右键，在弹出的快捷菜单中选择"设置"命令，弹出如图5-2-37所示的"设置"对话框，应用对话框中的各个选项可重新设定视图旋转角度和比例等参数。

5. 视图相关编辑

单击"菜单"→"编辑"→"视图"→"视图相关编辑"按钮，或者在绘图工作区中选择要编辑的视图，单击鼠标右键，在弹出的快捷菜单中选择"视图相关编辑"命令，弹出如图5-2-38所示的"视图相关编辑"对话框。该对话框上部为"添加编辑""删除编辑"和"转换相关性"等选项，下部为设置视图对象的颜色、线型和线宽等选项，应用该对话框可以擦除视图中的几何对象和改变整个对象或部分对象的显示方式，也可取消对视图中所做的关联性编辑操作。

图 5-2-37 "设置"对话框

(1) 添加编辑。

①擦除对象：擦除视图中选择的对象。单击该按钮后系统将弹出"类选择"对话框，用户可在视图中选择要擦除的对象（如曲线、边和样条曲线等对象），完成对象选择后，则系统会擦除所选对象。擦除对象不同于删除操作，擦除操作仅仅是将所选取的对象隐藏起来，不显示，但该选项无法擦除有尺寸标注的对象。

②编辑完全对象：编辑视图或工程图中所选整个对象的显示方式。编辑的内容包括"线条颜色""线型"和"线宽"。单击该按钮后，"线框编辑"选项组中的"线颜色""线型"和"线宽"等选项将变为可用状态。设置完"线颜色""线型"和"线宽"后，单击"应用"按钮，将弹出"类选择"对话框，用户可在选择的视图或工程图中选择要编辑的对象（如曲线、边和样条曲线等对象），选择对象后，则所选对象会按指定的颜色、线型和线宽进行显示。

③编辑着色对象：编辑视图或工程图中所选对象的阴影。单击该按钮后，弹出"类选择"对话框，用户可在选择的视图或工程图中选择要编辑的对象，选择对象后，回到"视图相关编辑"对话框，"着色颜色""局部着色""透明度"等选项变为可用状态，即可对选择的对象进行编辑。

图 5-2-38 "视图相关编辑"对话框

④编辑对象段：编辑视图中所选对象某个片段的显示方式，可以对"线颜色""线型"和"线宽"进行设置。单击该按钮后，先设置对象的"线颜色""线型"和"线宽"，然后单击"应用"按钮，接着将弹出"编辑对象分段"对话框，用户在视图中选择要编辑的对象，然后选择该对象的一个或两个边界点，则所选对象在指定边界点内的部分会按指定颜色、线型和线宽进行显示。

（2）删除编辑。该选项组用于删除前面所进行的某些编辑操作，系统提供了三种删除编辑操作的方式。

①删除选择的擦除：对进行擦除后的对象进行撤销操作，使先前擦除的对象重新显示出来。选择该图标后，系统将弹出"类选择"对话框，已擦除的对象会在视图中加亮显示。在视图中选择先前擦除的对象，则所选对象会重新显示在视图中。

②删除选择的修改：对进行修改后的操作进行撤销，使先前编辑的对象回到原来的显示状态。单击该按钮后，系统将弹出"类选择"对话框，已编辑过的对象会在视图中加亮显示，用户可选择先前编辑的对象。完成选择后，则所选对象会按原来的颜色、线型和线宽在视图中显示出来。

③删除所有修改：将在对象中进行的所有修改进行撤销操作，所有对象全部回到原来的显示状态。单击该按钮后，系统将弹出一个"删除所有修改"对话框，单击"是"按钮，则所选视图先前进行的所有编辑操作都将被删除。

6. 编辑视图边界

单击"菜单"→"编辑"→"视图"→"边界"按钮，或者在绘图工作区中选择要编辑的视图，单击鼠标右键，在弹出的快捷菜单中选择"边界"选项，弹出如图 5-2-39 所示的"视图边界"对话框。对话框上部为视图列表框和视图边界类型选项，下部为定义视图边界和选择相关对象的功能选项。下面介绍该对话框中各项参数：

（1）列表框。显示工作窗口中视图的名称。在定义视图边界前，用户先要选择所需的视图。选择视图的方法有两种：一种是在视图列表框中选择视图；另外一种是直接在绘图工作区中选择视图。当视图选择错误时，还可单击"重置"按钮重新选择视图。

（2）视图边界类型。提供了以下四种方式。

①自动生成矩形：该类型边界可随模型的更改而自动调整视图的矩形边界。

②手工生成矩形：采用该类型边界定义矩形边界时，在选择的视图中通过按住鼠标左键并拖动鼠标来生成矩形边界，该边界也可随模型更改而自动调整视图的边界。

③截断线/局部放大图：该类型边界用截断线或局部视图边界线来设置任意形状的视图边界。该类型仅仅显示出被定义的边界曲线围绕的视图部分。选择该类型后，系统提示选择边界线，用户可用鼠标在视图中选择已定义的断开线或局部视图边界线。

如果要定义这种形式的边界，在打开"视图边界"对话框前先要创建与视图关联的截断线。创建与视图关联的截断线的方法：在工程图中选择要定义边界的视图，单击鼠标右键，在弹出的快捷菜单中选择"展开成员视图"命令，即进入视图成员工作状态，再利用曲线功能在希望产生视图边界的部位创建视图截断线。完成截断线的创建后，再从快捷菜单中选择"展开成员视图"命令，恢复到工程图状态，这样就创建了与选择视图关联的截断线。

图 5-2-39 "视图边界"对话框

④由对象定义边界：通过在视图中选择要包含的对象或点来定义边界的大小，并且单击对话框中"包含的点"按钮或单击"包含的对象"按钮，可以进行点或对象选择的切换。

（3）边界点。在"边界类型"下拉列表中选择"截断线/局部放大图"选项，然后选择截断线，单击对话框中的"应用"按钮，"边界点"按钮将被激活，再单击"边界点"按钮，在视图中选择点进行视图边界的定义。

（4）包含的点。在"边界类型"下拉列表中选择"由对象定义边界"选项，再单击"包含的点"按钮，并在视图中选择相关的点进行视图边界的定义。

（5）包含的对象。在"边界类型"下拉列表中选择"由对象定义边界"选项，再单击"包含的对象"按钮，并在视图中选择要包含的对象进行视图边界的定义。

学有所思

（1）在任务实施过程中，你遇到了哪些障碍？你是如何想办法解决这些困难的？

（2）请你准确地说出制作轮子组件装配工程图过程中，所使用的命令名称以及它们的配合关系。你是如何记住这些命令名称和功能的？

拓展训练

（1）绘制模架装配工程图，如图5-2-40所示。（装配部件源文件 x：work \ 5 \ 练习模架·prt.）

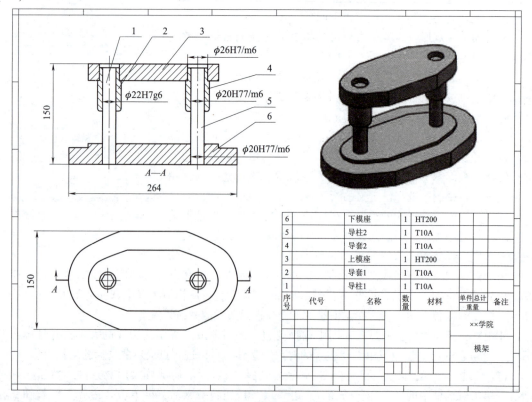

图 5-2-40　模架装配工程图

（2）绘制台虎钳装配工程图，如图 5-2-41 所示。（装配部件源文件 x：work \ 5 \ 练习 \ 台虎钳 . prt.）

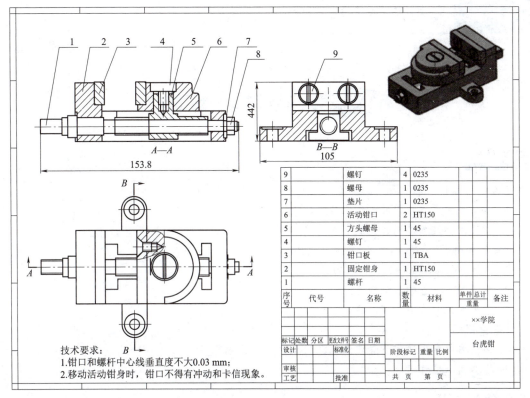

图 5-2-41　台虎钳装配工程图

项目六 角板及垫板模型的加工编程

任务一 角板模型的加工编程

学习目标

【技能目标】
1. 能独立完成编程前的各种准备工作。
2. 能使用面铣加工操作完成表面几何的加工。

【知识目标】
1. 熟悉 UG NX 12.0 加工模块的操作界面。
2. 掌握加工准备的各种操作。
3. 掌握面铣的基本原理及操作。

【态度目标】
1. 逐步培养学生的质量管理意识,树立大国工匠抱负。
2. 培养团队协作精神。

工作任务

根据提供的如图 6-1-1 所示的角板模型,采用面铣加工完成其数控加工程序编制。

角板模型的加工编程

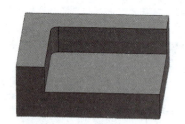

图 6-1-1 角板模型

任务实施

加工思路:分析角板模型可知,该零件需要加工的是三个面,即顶面、底面及侧壁,侧壁垂直于底面,可采用面铣方式完成零件的粗、精加工。

步骤 1. 新建文件

进入 NX 12.0,在主菜单中选择"文件"→"打开"命令,打开文件"角板\ch06\6-1.prt",再选择"文件"→"另存为"命令,输入文件名"角板模型",创建新的模型文件。

步骤 2. 加工环境初始化

在菜单栏中选择"应用模块"→"加工"命令，进入加工模块，系统弹出"加工环境"对话框，在"CAM 会话配置"选项组中选择"cam_general"，在"要创建的 CAM 设置"选项组中选择"mill_planar"，如图 6-1-2 所示，单击"确定"按钮，系统完成加工环境的初始化工作（初次进入需完成初始化）。

初始化设置

加工准备

图 6-1-2　加工环境对话框

步骤 3. 模型分析

加工编程之前必须对模型进行分析，主要是分析模型的大小、深度及凹圆角半径等，为编程提供操作依据，其决定了加工方法及加工时使用的刀具。

测量模型大小。在主菜单中单击"分析"按钮，显示"分析"常用工具，选择"测量距离"，弹出"测量距离"对话框，如图 6-1-3（a）所示，用鼠标左键分别选取模型上左、右两平面，即可测得模型长度为 100 mm，如图 6-1-3（b）所示。重复操作可测得模型宽度为 80 mm、深度为 15 mm。

测量圆角半径。在"测量距离"对话框中，将"类型"改为"半径"，鼠标左键选择圆角，可测得圆角半径为 5 mm，如图 6-1-3（c）所示。

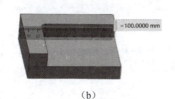

（a）　　　　　　　　　　　（b）　　　　　　　　　　（c）

图 6-1-3　模型测量

(a)"测量距离对话框"；(b) 测量距离；(c) 测量圆角半径

步骤 4. 创建几何体

在"工序导航器"中单击鼠标右键,在弹出的快捷菜单中选择"几何视图"选项,导航器显示几何视图,如图 6-1-4(a)所示。

设置坐标系和安全高度。在"工序导航器"中双击坐标系"MCS MILL",弹出"MCS 铣削"对话框,如图 6-1-4(b)所示,单击" "按钮,进入坐标系对话框,坐标值设置如图 6-1-4(c)所示,将 MCS 加工坐标系设置在工件表面中心位置,设置安全距离为 20 mm。

图 6-1-4　设置坐标系和安全高度

(a)几何视图;(b)"MCS 铣削"对话框;(c)设置加工坐标系

单击"确定"按钮完成坐标系和安全高度的设置。

创建部件几何体。在"几何视图导航器"中单击"MCS MILL"前的"+"号,展开坐标系父系节点,双击其下的"WORKPIECE",打开"工件"对话框,如图 6-1-5(a)所示,单击"指定部件"按钮,弹出"部件几何体"对话框,如图 6-1-5(b)所示,选取模型为部件几何体,如图 6-1-5(c)所示。

图 6-1-5　创建部件几何体

(a)"工件"对话框;(b)"部件几何体"对话框;(c)部件几何体

创建毛坯几何体。在"工件"对话框中单击"指定毛坯"按钮,弹出"毛坯几何体"对话框,在该对话框中选取"类型"为"包容块",如图 6-1-6(a)所示,单击"确定"按钮完成毛坯几何体的创建,如图 6-1-6(b)所示。

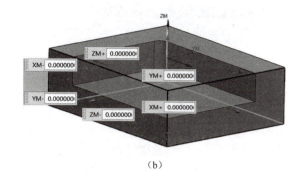

(a) （b）

图 6-1-6　创建毛坯几何体

(a)"毛坯几何体"对话框；(b) 毛坯几何体

步骤 5. 创建刀具

根据零件及圆角半径的大小，选择两把直径分别为 $\phi20$ mm 和 $\phi8$ mm 的平底铣刀，分别用于零件的粗、精加工。

在工具栏中单击"创建刀具"按钮，弹出"创建刀具"对话框，选取刀具类型为"mill_contour"，在"名称"选项组中输入"D20"，如图 6-1-7（a）所示，单击"应用"按钮，弹出"铣刀-5 参数"对话框，在"直径"栏输入"20"，单击"确定"按钮完成直径 20 mm 的平底铣刀的创建，如图 6-1-7（b）所示。重复刚才的步骤创建直径为 8 mm 的平底刀"D8"，如图 6-1-7（c）所示。

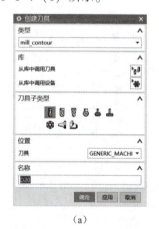
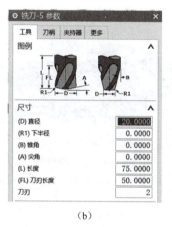
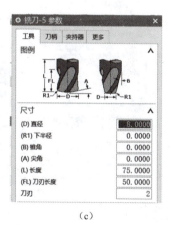

(a) (b) (c)

图 6-1-7　创建刀具

(a) 创建刀具对话框图；(b) 创建 D20 刀具；(c) 创建"D8"刀具

步骤 6. 创建边界面铣粗加工

在工具栏中单击"创建工序"按钮，弹出"创建工序"对话框，选择"带边界面铣"，"刀具"选择"D20（铣刀-5 参数）"，"几何体"选择"WORKPICE"，如图 6-1-8（a）所示，单击"应用"按钮，弹出"面铣[FACE_MILLING_1]"对话框，如图 6-1-8（b）所示。

边界面铣
粗加工

（1）几何体设置。

几何体、部件及刀具已在创建工序时选择，故此处只需设定毛坯边界。单击"指定面边界"按钮，弹出"毛坯边界"对话框，如图 6-1-9（a）所示，指定角板底面，如图 6-1-9（b）所示，"刀具侧"选择"内侧"，其他默认，如图 6-1-9（c）所示。

(a)　　　　　　　　　　　　　　　　(b)

图 6-1-8　创建工序

(a)"创建工序"对话框；(b)"面铣"-[FACE_MILLING_1]对话框

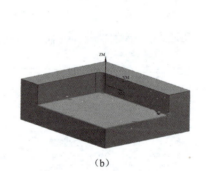

(a)　　　　　　　　　(b)　　　　　　　　　(c)

图 6-1-9　指定面边界

(a)"毛坯边界"对话框；(b)指定毛坯边界；(c)指定刀具侧

(2) 刀轨设置。

在"面铣参数"对话框中设置"切削模式"为"跟随周边","步距"为"%刀具平直","平面直径百分比"为"70","毛坯距离"为"15","每刀切削深度"为"1",如图 6-1-10 (a) 所示。

(3) 切削参数设置。

单击"切削参数"按钮,进入"切削参数"对话框,设置余量,如图 6-1-10 (b) 所示。

(4) 非切削移动设置。

在"面铣参数"对话框中单击"非切削移动"按钮,弹出"非切削移动"对话框,在该对话框中单击"进刀"选项卡,设置"进刀类型"为"沿形状斜进刀","斜坡角度"为"3°","高度"为"1","最小斜坡长度"为"70%刀具直径",如图 6-1-10 (c) 所示。单击"转移/快速"选项卡,"区域内"设置"转移类型"为"前一平面",如图 6-1-10 (d) 所示。

(5) 进给率和速度设置。

在"面铣"对话框中单击"进给率和速度"按钮,弹出"进给率和速度"对话框,设置主轴速度和进给率，如图 6-1-10（e）所示。

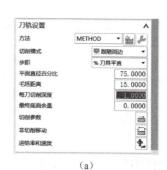

图 6-1-10 刀轨设置

(a) 刀轨设置；(b) 余量设置；(c) 进刀设置；(d) 转移类型设置；(e) 进给率和速度设置

（6）刀轨生成。

在"面铣"对话框中单击"生成"按钮 ，系统即计算刀位轨迹，结果如图 6-1-11（a）所示，单击"确认"按钮，选择"3D 动态"，实现仿真加工，仿真效果如图 6-1-11（b）所示。

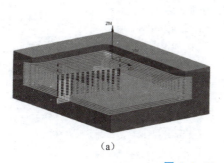
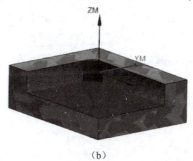

图 6-1-11 粗加工刀轨
(a) 刀轨；(b) 3D 仿真效果

步骤 7. 创建底壁铣精加工

在工具栏中单击"创建工序"按钮，打开"创建工序"对话框，选择"底壁铣"，刀具选择"D8（铣刀-5 参数）"，"几何体"选择"WORKPICE"，如

底壁铣精加工

图 6-1-12 (a) 所示，单击"应用"按钮，弹出"底壁铣 - [FLOOR - WALL]"对话框，如图 6-1-12 (b) 所示。

(a)　　　　　　　　　　　　　　(b)

图 6-1-12　创建底壁铣工序
(a) "创建工序"对话框；(b) "底壁铣 - [FLOOR - WALL]"对话框

(1) 指定切削区底面。

单击"指定切削区底面"按钮，弹出"切削区域"对话框，如图 6-1-13 (a) 所示，选择角板底面作为切削区底面，如图 6-1-13 (b) 所示。

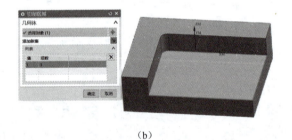

(a)　　　　　　　　　　　　　　(b)

图 6-1-13　指定切削区底面
(a) "切削区域"对话框；(b) 指定切削区底面

(2) 指定壁几何体。

单击"指定壁几何体"按钮，弹出"壁几何体"对话框，选择角板侧壁，如图 6-1-14 所示。

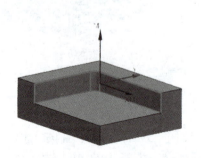

图 6-1-14　指定壁几何体

(3) 刀轨设置。

在"面铣参数"对话框中设置"切削模式"为"跟随周边","步距"为"刀具平直百分比","平面直径百分比"为"70","底面毛坯厚度"为"0.3","每刀切削深度"为"0",如图 6-1-15（a）所示。

(4) 切削参数设置。

单击"切削参数"按钮,进入"切削参数"对话框,"设置余量"为"0",如图 6-1-15（b）所示。

(5) 非切削移动设置。

在"面铣参数"对话框中单击"非切削移动"按钮,弹出"非切削移动"对话框,在该对话框中单击"进刀"选项卡,设置"进刀类型"为"沿形状斜进刀","斜坡角度"为"3°","高度"为"1","最小斜坡长度"为"70%刀具直径",如图 6-1-15（c）所示。

(6) 进给率和速度设置。

在"面铣"对话框中单击"进给率和速度"按钮,弹出"进给率和速度"对话框,设置主轴速度和进给率,如图 6-1-15（d）所示。

图 6-1-15　刀轨设置

（a）刀轨设置；（b）切削参数设置；（c）进刀设置；（d）进给率和速度设置

(7) 刀轨生成。

在"底壁铣"对话框中单击"生成"按钮，系统即计算刀位轨迹,结果如图 6-1-16（a）所示,单击"确认"按钮,选择"3D 动态",实现仿真加工,仿真效果如图 6-1-16（b）所示。

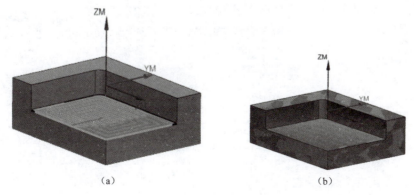

图 6-1-16　精加工刀轨

（a）刀轨；（b）3D 仿真效果

相关知识

一、UG NX 编程基础

1. UG CAM 概述

UG 是当前应有较广的数控软件，UG CAM 提供了一整套从孔加工、线切割、车削、三轴铣削到多轴铣削等的加工解决方案，可以完成刀具轨迹生成、刀具轨迹编辑、动态仿真及后处理等工作。

1）加工环境设置

在"应用模块"主菜单中选择"加工"命令即可进入加工模块，如图 6-1-17 所示，也可以使用快捷键"Ctrl"+"Alt"+"M"进入加工模块。

图 6-1-17　进入加工模块

首次进入加工模块时，系统会弹出"加工环境"对话框，进行初始化，图 6-1-18 所示为加工环境中的所有操作模板类型，必须在此指定一种操作模板类型。不过在进入加工环境后，可以随时改选此环境中的其他操作模板类型。模板文件的选择将决定加工环境初始化后可以选用的操作类型，同时也决定了在生成程序、刀具、方法、几何体时可选择的父节点类型。

图 6-1-18　加工环境对话框

常用 CAM 设置模板说明见表 6-1-1。

表 6-1-1　常用 CAM 设置模板说明

设置	初始设置的内容	可以创建的内容
Mill_muli_blade	包括 MCS、工件、程序以及用于加工涡轮叶片的方法	用于进行加工涡轮叶片的操作、刀具和组
hole_making（制孔）	包括 MCS、工件、用于进行钻孔操作的程序以及用于钻孔的方法	用于钻削的操作、刀具和组，包括优化的程序组及特征切削方法、几何体组
Turning（车削）	包括 MCS、工件、程序和 6 种车削方法	用于进行车削的操作、刀具和组
wire_edm（线切割）	包括 MCS、工件、程序和线切割方法	用于进行线切割的操作、刀具和组，包括用于内部和外部修剪序列的几何体组

在以后的操作中，如果想重新进行操作模板的选择，可在"加工"菜单中选择"工具"→"工序导航器"→"删除组装"命令删除当前设置，系统会弹出"设置删除确认"对话框，如图 6-1-19 所示，确认后，重新弹出"加工环境"对话框，重新设置操作模板，如图 6-1-20 所示。

图 6-1-19　删除加工环境

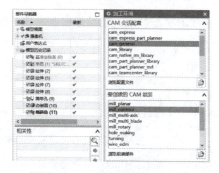

图 6-1-20　重新设置加工环境

2）NX 12.0 加工界面

选择不同模块，所显示的工作界面也不相同，主要包括资源条、菜单栏、工具栏、标题栏、工作图形区、选择过滤器、导航器等。图 6-1-21 所示为 NX 12.0 的加工界面。

3）工序导航器

"工序导航器"用于管理创建的操作及其他组对象，用于管理部件中的操作以及刀具、加工几何、加工方法、加工工序等操作参数，以树状结构显示程序、刀具、加工几何、加工方法等对象及从属关系。在 NX 工序导航器的空白区域右击，系统会弹出如图 6-1-22 所示的快捷菜单，用户可以在此菜单中选择显示视图的类型，如程序顺序视图、机床视图、几何视图和加工方法视图。此外，用户还可以在不同的视图下方便快捷地设置操作参数，从而提高工作效率。

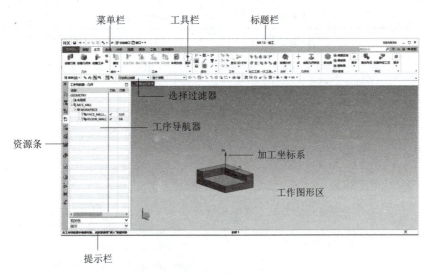

图 6-1-21 加工界面

图 6-1-22 "工序导航器-程序顺序"

操作的状态标记。在操作中会出现各种状态标记，标明操作的当前状态，状态标记的含义如表 6-1-2 所示。

表 6-1-2 操作的状态标记

状态标记	含义
✔	此操作的刀具轨迹已生成，并已完成后处理
!	此操作的刀具轨迹没有被后处理过，或此操作的刀具轨迹在变化后，需重新进行后处理
⊘	此操作的刀具轨迹未被生成，或参数已被修改，而刀具轨迹未被更新

2. 加工模块的工具条

在进入加工模块后，UG 除了显示常用的工具按钮外，还将显示在加工模块中常用的工具条。

1）刀片工具条

这个工具条包含的是用于创建操作和 4 种节点的工具，如图 6-1-23 所示，可以创建工序、刀具、几何体和方法，也可以在"菜单"→"插入"中找到相应命令。如图 6-1-24 所示。

2）加工操作工具条

此工具条提供与刀位轨迹有关的功能，可对已生成的刀轨进行编辑、删除、重新显示或切削模拟等操作，也提供了刀轨的后处理或车间工艺文件等的生成。如图 6-1-25 所示。

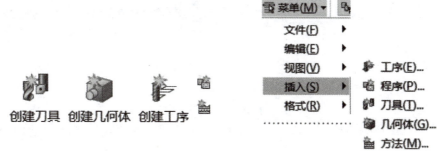

图 6-1-23　刀片工具条　　　　图 6-1-24　级联菜单

图 6-1-25　加工操作工具条

3）视图工具条

视图工具条如图 6-1-26 所示，此工具条用于确定操作导航器的显示视图。被选择的选项显示于导航窗口，也可以通过在操作导航器的空白处单击鼠标右键，在快捷菜单中进行选择，如图 6-1-27 所示。

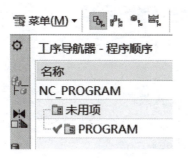

图 6-1-26　视图工具条　　　　图 6-1-27　视图快捷菜单

（1）程序顺序视图。

程序顺序视图分别列出了每个程序组下面的操作，显示每个工序所属的程序组和每个工序在机床上的执行顺序，后处理也按此顺序排列，如图 6-1-28（a）所示。

（2）机床视图。

机床视图用切削刀具来组织视图排列，列出了当前各种刀具以及使用这些刀具的操作名称，如图 6-1-28（b）所示。

（3）几何视图。

几何视图是以几何体为主线来显示加工操作的，列出了当前零件中存在的几何体和坐标系，以及使用这些几何体和坐标系的操作名称，如图 6-1-28（c）所示。

（4）加工方法视图。

加工方法视图列出了当前零件中的加工方法，即可按粗加工、半精加工、精加工分组列出，如图 6-1-28（d）所示。

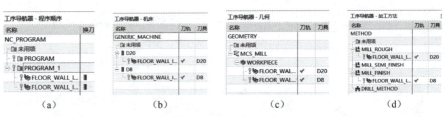

图 6-1-28　常用视图工具

（a）程序顺序视图；（b）机床视图；（c）几何视图；（d）加工方法视图

3. UG NX 加工编程步骤

（1）创建制造模型（包括创建或获取设计模型）并进行工艺规划。

（2）进入加工环境。

（3）创建 NC 操作，如创建程序、几何体、刀具、方法等。

（4）生成刀具路径，进行加工仿真。

（5）利用后处理器生成 NC 代码。

4. UG NX 的加工创建

1）创建几何体

加工几何主要是在零件上定义要加工的几何对象和指定零件在机床上的加工方位，包括定义加工坐标系、工件、加工区域、加工边界、文字、切削几何体等，其中常在对话框内创建的有坐标系和工件，其他的直接在操作中创建更方便，如图 6-1-29 所示。

图 6-1-29　创建几何体对话框

（1）创建加工坐标系（MCS）。

MCS（加工坐标系）相当于工件坐标系，MCS 的原点相当于编程原点，可以按需要放在指定位置，坐标轴显示为 XM、YM、ZM。MCS 是刀具路径的基准，所生成的刀轨都与其相关，移动加工坐标系时，不需要重新生成刀轨，只需重新进行后处理。

创建加工坐标系的同时，还可设置安全距离、下限平面、避让等，防止加工过程中机床发生意外事故，如图 6-1-30（a）所示。

（2）创建工件。

创建工件主要指定部件（零件）、毛坯、检查体（夹具）三个对象，如图 6-1-30（b）

所示。

创建部件和检查体时，只需单击相应按钮，进入对话框直接选择对象即可。

创建毛坯，单击进入指定的"毛坯几何体"对话框即可。创建毛坯的方法有多种，如图 6-1-30（c）所示，其中最常用的有以下几种：

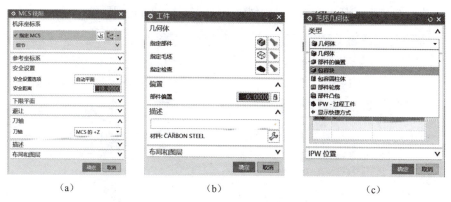

图 6-1-30　创建几何体

(a) MCS 对话框；(b) 创建工件对话框；(c) "毛坯几何体"对话框

①几何体：使用已设计好的实体作为毛坯。
②包容块：以包络部件的长方体为毛坯，毛坯的大小可通过六面偏置的设置来确定。
③部件的偏置：将部件表面偏置一定值作为毛坯。
④包容圆柱体：以包络部件的圆柱体为毛坯，毛坯的大小可通过设置半径偏置及 ZM 偏置值来确定。

2）创建方法

根据操作类型不同，创建粗加工、半精加及精加工等方法的余量、公差等参数的设置，如图 6-1-31 所示。

图 6-1-31　创建方法

可以直接单击"创建方法"按钮创建，此时可直接对创建的方法进行命名；也可以在工序导航器中进入加工方法视图，选择对不同的方法进行余量、公差及刀轨的设置。

3）创建刀具

创建加工过程中所需要的各种不同类型、不同参数的刀具，可以从库中调取或自定义刀具，其中自定义刀具是最常用的方法。

如创建一把"D16"的端铣刀，可按下述步骤创建：

(1) 单击"创建刀具"按钮,进入"创建刀具"对话框,选择"mill_contour"类型,单击"端铣刀"按钮 ,"名称"栏输入"D16",如图 6-1-32(a)所示。

(2) 单击"确定"按钮,进入"铣刀-5 参数"对话框,设置直径为"16",如图 6-1-32(b)所示。

(3) 单击"确定"按钮,完成刀具的创建,如图 6-1-32(c)所示。

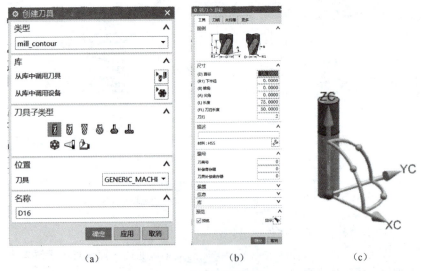

图 6-1-32　创建刀具

(a)"创建刀具"对话框;(b)"铣刀-5 参数"对话框;(c)刀具预览

4) 创建程序

若零件较复杂,则所需操作比较多,容易使操作放置杂乱,甚至在后处理时由于操作混淆而造成事故。创建程序便于各种操作的管理,可以把不同的操作分组放置,便于修改和后处理。

单击"创建程序"按钮,弹出如图 6-1-33 所示的"创建程序"对话框,可以对程序组进行命名。

5) 创建工序

创建工序是指在指定的切削区域生成刀轨的过程,所选择的加工类型不同,操作模板的类型也不同。单击"创建工序"按钮,弹出如图 6-1-34 所示的"创建工序"对话框。

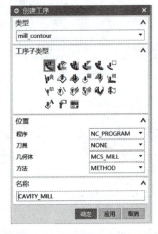

图 6-1-33　"创建程序"对话框　　图 6-1-34　"创建工序"对话框

二、面铣加工

1. 面铣概述

面铣加工模块是 UG 加工中最基本的加工操作模块,面铣是通过选择平面区域来指定加工范围的一种操作,主要用于要加工区域为平面,且表面余量一致的零件。

面铣工序既可用于粗加工,也可以用于半精加工和精加工,但主要用于精加工。

在"工具"栏中单击"创建工序"按钮,弹出"创建工序"对话框,如图 6-1-35 所示,在"工序子类型"中,第一行的 4 种子类型均为面铣加工,其含义如下。

图 6-1-35 "创建工序"对话框

(1) 底壁铣:底壁加工是平面铣工序中比较常用的铣削方式之一,用来加工底部和侧壁,它通过选择加工平面来指定加工区域,一般选用端铣刀;其可指定加工面和余量,定义表面铣区域。底壁加工可以进行粗加工,也可以进行精加工。

(2) 带 IPW 的底壁铣:使用带有 IPW 的底部和侧壁加工。

(3) 带边界面铣:通过定义面边界来确定切削区域,在定义边界时可以通过面、曲线以及一系列的点来得到开放或封闭的边界几何体。

(4) 手工面铣:采用手动的方式对不同区域指派不同的切削模式。手工面铣削又称为混合铣削,也是底壁加工的一种。

2. 带边界面铣

带边界面铣是面铣中常用的一种操作。下面将详细介绍其加工参数设置操作。

1) 面铣几何体设置

在"创建工序"对话框中选择加工"类型"为"mill_planar","工序子类型"为带边界面铣削(FACE FILLING),然后单击"确定"按钮,弹出"面铣"对话框,该对话框用来设置面铣参数,如图 6-1-36 所示。

(1) 面铣几何体。

面铣几何体包括几何体、部件、面边界、检查体、检查边界 5 部分。

在"面铣"对话框中单击"指定面边界"按钮,弹出"毛坯边界"对话框,如图 6-1-37 所示。该对话框用来定义毛坯边界、刀具侧和加工平面。

(a) (b)

图 6-1-36 面铣几何体 图 6-1-37 "毛坯边界"对话框
(a) 创建工序对话框;(b) 面铣对话框

边界的选择:边界可以选择面、曲线或点,如图 6-1-38 (a) 所示。

刀具侧的选择:指定刀具在毛坯边界的哪一侧,有"内侧"和"外侧"两种选项,如图 6-1-38 (b) 所示。内侧指刀具在毛坯边界内侧走刀,以选取的面的边界内作为加工区域;外侧指刀具在毛坯边界外侧走刀,以选取的边界外侧到毛坯最大外形之间的区域作为加工区域。此外,也可以通过"添加新集"选取两个边界且分别指定刀具侧为内侧和外侧,则刀轨在外边界内部和内边界外部之间。

平面的选择:指定面铣的底面,有"自动"和"指定"两个选项,如图 6-1-38 (c) 所示。"自动"指系统根据选取的面自动指定加工底面;"指定"是指定某一个特定的面来生成加工底面。

单击"定制边界数据",还可设置"余量"及"切削进给率",如图 6-1-38 (c) 所示。

(a) (b) (c)

图 6-1-38 面铣几何体设置
(a) 边界选择;(b) 刀具侧选择;(c) 平面选择

2) 刀轴设置

刀轴即定义机床的主轴方向。在"面铣"对话框中单击"刀轴"右侧的三角符号按钮,弹出下拉列表框,如图 6-1-39 所示,有"+ZM 轴""指定矢量""垂直于第一个面"和"动态"4 种方式,默认为"+ZM 轴"。

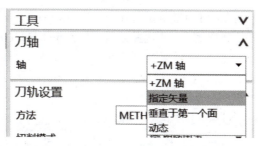

图 6-1-39 "刀轴"设置

各选项含义如下。

(1) +ZM 轴：即加工坐标系的 Z 轴正向。

(2) 指定矢量：用户指定某个矢量作为刀轴方向。

(3) 垂直于第一个面：当选取多个面时垂直于第一个面，是面铣默认的方式。当面铣选取面边界的方法不是采用"选择面"，而是采用"曲线"和"点"时，刀轴不能采用"垂直于第一个面"选项，否则会出现错误警告。

(4) 动态：采用动态的方式指定刀轴。

3) 刀轨设置

"刀轨设置"的主要作用是设置刀具的运动轨迹和进给，有进退刀的形式、切削参数、加工后的余量等，它是面铣操作参数中最重要的一栏。展开"刀轨设置"选项组，如图 6-1-40 所示，各选项含义如下。

(1) 方法。

"方法"主要是用来设置操作轮廓的余量和公差。如已经创建了加工方法，则可以在此处进行选择并对其进行编辑；如没有创建，则可以新建加工方法，也可以默认。

(2) 切削模式。

"切削模式"用来定义刀具的走刀样式，"切削模式"决定了机床加工的效率、精度等，通常根据实际情况选择合理的模式。单击"切削模式"栏右侧的三角符号按钮，弹出下拉选项框，一共有 8 种切削模式，如图 6-1-41 所示。

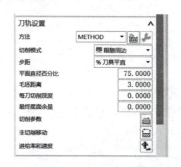

图 6-1-40 "刀轨设置"选项组　　图 6-1-41 "切削模式"下拉选项

常用"切削模式"含义如下：

①跟随周边：一种封闭且同心的环行刀路，刀路与工件外轮廓相似，刀路之间按照走刀步距进行偏置，当内部的加工区域过小产生的刀路交迭时，这些刀路将压缩成为一条，如图 6-1-42（a）所示。

②跟随部件：沿部件轮廓向内加工，如图 6-1-42（b）所示。

③轮廓：可以对开放或闭合的工件轮廓进行加工，如图6-1-42（c）所示。
④往复：刀具沿直线走刀到达尽头时步进并返回，如图6-1-42（d）所示。
⑤单向：切削产生的刀轨为一系列平行且同方向的直线刀路，刀具由切削起点进刀，切削至刀路终点，然后退刀，横越走刀至下一刀路起点，沿着同样的方向切削，如图6-1-42（e）所示。

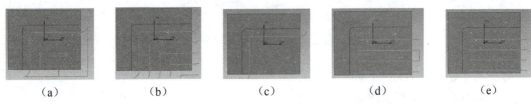

图6-1-42 切削模式

（a）跟随周边；（b）跟随部件；（c）轮廓；（d）往复；（e）单向

（3）步距。

"步距"是刀具切削时两切削路径之间的间隔距离，有四个选项，如图6-1-43（a）所示。常用选项含义如下：

①恒定：设置切削路径为固定距离，一般用于平刀、圆鼻刀和球刀等。

②残余高度：设置两路径之间残留材料的最大高度，一般用于球刀。如果残余高度设置为固定值，则在使用不同直径刀具的情况下，加工步距会根据刀具的大小来自动改变，如图6-1-43（b）所示。

③%刀具平直：设置刀具直径的百分比值，建立固定的距离，一般用于平刀、圆鼻刀等。

④多重变量：可指定不同大小的步距和相应的刀路数，如图6-1-43（c）所示。

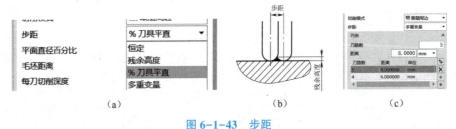

图6-1-43 步距

（a）步距；（b）残留高度；（c）多重变量

（4）毛坯距离、每刀切削深度和最终底面余量。

这些选项主要用于设置毛坯距离、每刀切削深度及最终底面余量，如图6-1-44所示。

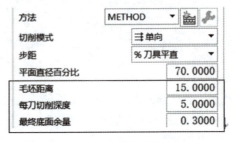

图6-1-44 切削深度和余量

毛坯距离：表示工件上毛坯的残余量，限定了开始加工的高度。

每刀切削深度：当毛坯加工余量较大时指定各切削层的最大深度，为0时，表示一刀直接加工到位。

最终底面余量：当前操作后底部的余量。余量可以在此处快速设置，通常在切削参数中设置。

4）切削参数设置

在"面铣"对话框中单击"切削参数"按钮，弹出"切削参数"对话框。

(1)"策略"设置。

"策略"设置通常指对加工路线的设置，对加工结果有影响，包括切削方向、精加工刀路及切削区域的设置，如图6-1-45（a）所示。

"切削方向"有"顺铣"和"逆铣"两种，用于设置进给方法及与刀具的旋转方向，"顺铣"和"逆铣"方法示意图如图6-1-45（b）所示。

"刀路方向"有"向内"和"向外"两种，一般凹槽采用"向外"铣削方式，凸台采用"向内"铣削方式，如图6-1-45（c）所示。

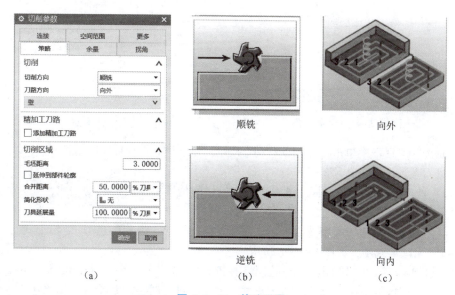

图 6-1-45　策略设置

(a)"策略"选项卡；(b)切削方向；(c)刀路方向

(2)"余量"设置。

"余量"设置中主要包括对"部件余量""壁余量""最终底面余量""毛坯余量""检查余量"及"内公差""外公差"的设置，如图6-1-46所示。

①部件余量：在工件加工面上，为后续加工预留的材料厚度，锁定可以使壁和最终底面具有相同的余量。

②壁余量：在工件侧壁，为后续加工预留的材料厚度。

③最终底面余量：在底面和所有岛屿的顶面，为后续加工预留的材料厚度。

④毛坯余量：在加工区域边缘偏置一定的距离，它不是加工余量，而是一个临时的毛坯。

⑤检查余量：刀具避开检查体的安全距离。

⑥公差：根据零件的技术要求，设置内外公差。

5）非切削移动设置

"非切削移动"选项主要用于控制刀具在切削运动之前、之后和之间的移动路线。非切削移动可以是单个的进刀和退刀，或者是复杂到一系列的进刀、退刀和转移（离开、移刀、逼近）运动，如图6-1-47所示。这些运动设计的目的是既可以优化刀轨，提高加工效率，又可有效避免刀具与部件或夹具设备发生碰撞。

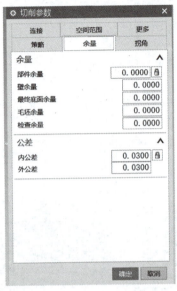

图6-1-46　余量设置　　　　　图6-1-47　"非切削移动"对话框

在"面铣"对话框中单击"非切削移动"按钮，弹出"非切削移动"对话框。

（1）进刀参数设置。

"进刀"选项卡用于定义刀具从进刀点到初始切削位置移动时的运动方式，分为"封闭区域"和"开放区域"两种情况。

①"封闭区域"的进刀类型与"开放区域"相同，包括"螺旋"进刀、"沿形状斜"进刀、"插铣"和"无"等选项，如图6-1-48所示。

a. 螺旋进刀：在第一个切削运动位置创建无碰撞的、螺旋线形状的进刀移动，如图6-1-48（a）所示。通常，封闭区域采用"螺旋"进刀方式。如果在进刀时会过切部件，即无法满足螺旋线移动的要求，则可以使用具有相同参数的倾斜移动。

b. 沿形状斜进刀：创建一个倾斜进刀移动，如图6-1-48（b）所示。

c. 插铣进刀：直接从指定的高度进刀到部件内部，如图6-1-48（c）所示。

 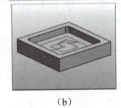 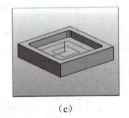 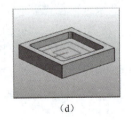

（a）　　　　　　　（b）　　　　　　　（c）　　　　　　　（d）

图6-1-48　封闭区域的进刀方式

(a)"螺旋"进刀；(b)"沿形状斜"进刀；(c)"插铣"；(d)"无"

螺旋进刀的参数：

a. 直径：定义螺旋线的直径，通常默认为刀具直径的90%，如图6-1-49所示。

b. 斜坡角：控制刀具切入材料的倾斜角度，一般默认为3°~5°，如图6-1-50所示。

c. 高度：指定要在切削层的上方开始进刀的距离，如图6-1-51所示。注意，为避免碰撞，高度值必须大于面上的材料。

d. 高度起点：指定测量封闭区域进刀移动高度的位置，包括前一层、当前层和平面，如图6-1-52所示。

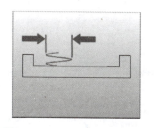 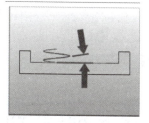 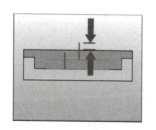

图6-1-49 "直径"示意图　　图6-1-50 "斜坡角"示意图　　图6-1-51 "高度"示意图

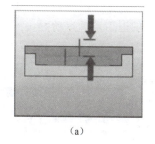 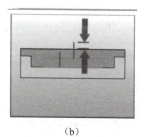 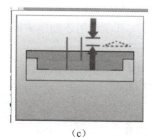

(a)　　　　　　　　　(b)　　　　　　　　　(c)

图6-1-52 "高度起点"示意图

(a) 当前层；(b) 前一层；(c) 平面

e. 最小安全距离：指定刀具可以逼近不需要加工区域的最近距离，还可以指定后备退刀倾斜离部件的距离，如图6-1-53所示。

f. 最小斜面长度：控制沿形状斜进刀或螺旋进刀切削材料时，刀具必须移动的最短距离，如图6-1-54所示。

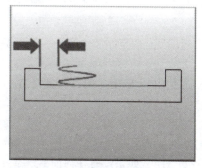 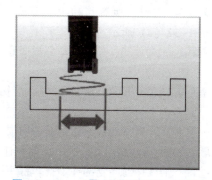

图6-1-53 "最小安全距离"示意图　　图6-1-54 "最小斜面长度"示意图

② "开放区域"的进刀类型与"封闭区域"相同，包括"线性""线性-相对于切削""圆弧""点""线性-沿矢量""角度-角度-平面""矢量平面""无"等选项。

a. 线性进刀：在指定距离处创建一个进刀移动，方向与第一个切削运动的方向相同，如图 6-1-55（a）所示。

b. 线性-相对于切削进刀：创建与刀轨相切（如果可行）的线性进刀移动，如图 6-1-55（b）所示。与线性进刀具有相同的参数。

c. 圆弧进刀：创建一个与切削移动的起点相切（如果可能）的圆弧进刀移动，如图 6-1-55（c）所示。

 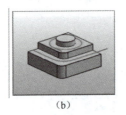 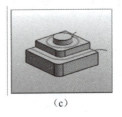

(a) (b) (c)

图 6-1-55 "开放区域"的进刀方式

(a) "线性"进刀；(b) "线性-相对于切削"进刀；(c) "圆弧"进刀

（2）退刀参数设置。

"退刀"选项卡用于创建从部件返回到避让几何体或到定义的退刀点的运动方式，退刀的类型和进刀的类型相似。

（3）转移/快速参数设置。

"转移/快速"选项卡用于指定刀具在区域间和区域内的层间进行以下方式的移动：从其当前位置移动到指定的平面；在指定平面内移动到进刀移动起点上面的位置，再从指定平面内移动到进刀移动的起点，如图 6-1-56 所示。

"安全设置"选项主要设置刀具可以快速移动的安全平面形式和位置，有"使用继承的""无""自动平面""平面""点""包容圆柱体""包容块"等多个选项，默认为"使用继承的"，即使用在 MCS 中指定的安全平面作为快速移动的平面位置。

"区域之间"选项主要控制刀具在不同切削区域之间的转移方式，防止发生碰撞，主要包括以下类型：

①安全距离-刀轴：所有移动都沿刀轴方向返回到安全平面，如图 6-1-57（a）所示。

图 6-1-56 转移/快速对话框

②安全距离-最短距离：所有移动都根据最短距离返回到已标识的安全平面，如图 6-1-57（b）所示。

③安全距离-切削平面：所有移动都沿切削平面返回到安全几何体，如图 6-1-57（c）所示。

④前一平面：所有移动都返回到前一切削层，此层可以安全传刀，以使刀具沿平面移动到新的切削区域，如图 6-1-57（d）所示。如果连接当前刀位和下一进刀起点上面位置的转移移动无法安全进行，则该移动会受部件干扰，将使用前一安全层。如果没有任何前一层是安全的，则使用自动安全设置定义。

⑤直接：在两个位置之间进行直接连接转移，如图 6-1-57（e）所示。

⑥毛坯平面：使刀具沿着由要移除的材料上层定义的平面转移，如图 6-1-57（f）所示。

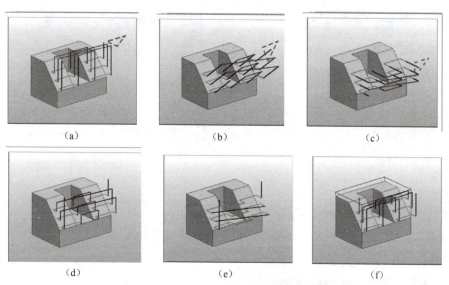

图 6-1-57 区域之间转移设置

(a)"安全距离-刀轴";(b)"安全距离-最短距离";(c)"安全距离-切削平面";
(d)"前一平面";(e)"直接";(f)"毛坯平面"

"区域内"选项主要用于设置刀具在区域内的退刀、转移和进刀移动,包括以下选项:

①进刀/退刀:默认选项,选择此项时,将出现"转移类型"选项,与"区域之间"的"转移类型"方式相同,如图 6-1-58(a)所示。

②抬刀和插削:以竖直移动产生进刀和退刀,需输入抬刀/插削高度,如图 6-1-58(b)所示。

③无:不在区域内添加进刀或退刀移动。

"初始的和最终的"选项主要用于控制刀具切削时逼近工件的起始位置,以及加工完成后刀具离开工件的位置,如图 6-1-59 所示。逼近类型有 6 个选项,离开类型有 5 个选项,与区域间类型相似。

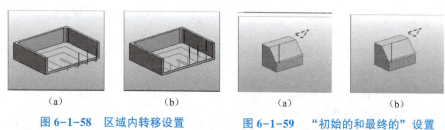

图 6-1-58 区域内转移设置 　　图 6-1-59 "初始的和最终的"设置
(a)进刀/退刀;(b)抬刀和插削　　　(a)逼近;(b)离开

(4)避让参数设置。

"避让"选项卡用于指定刀轨出发点、起点、返回点和回零点等信息,一般默认参数,如图 6-1-60 所示。

(5)更多参数设置。

"更多"选项卡用于检测与选定部件、检查几何体的碰撞情况及确定在何处应用刀具补偿和输出刀具接触数据等,如图 6-2-61 所示。

图 6-1-60 "避让"对话框

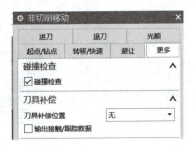
图 6-1-61 "更多"对话框

3. 底壁铣

在"创建工序"对话框中选择加工"类型"为"mill_planar",在"工序子类型"组中选择"带边界面铣",然后单击"确定"按钮,弹出"底壁铣-[FLOOR_WALL_1]"对话框,该对话框用来设置底壁铣参数,如图 6-1-62 所示。

图 6-1-62 "创建工序"和"底壁铣-[FLOOR_WALL_1]"对话框

底壁铣参数设置与带边界面铣参数设置类似,有部分不同,下面主要介绍两者在设置上的不同。

1)底壁铣几何体设置

底壁铣和面铣在几何体设置上除了"指定部件"和"指定检查体"一致外,还需"指定切削区底面""壁几何体"和"修剪边界"。在"底壁铣-[FLOOR_WALL_1]"对话框中单击"指定切削区底面"按钮,弹出"切削区域"对话框,该对话框主要用来选取切削区底面,如图 6-1-63 所示。

在"底壁加工"对话框中单击"指定壁几何体"按钮,弹出"壁几何体"对话框,如图 6-1-64 所示。该对话框用来选取侧壁面几何体,可以对侧壁进行精光操作。如果勾选"自动壁",则系统会自动选取与底面相邻的侧壁。

2)刀轨参数设置

在"底壁铣"对话框中展开"刀轨设置"选项组,如图 6-1-65 所示,其主要用来设置"切削模式""步距""底面毛坯厚度""每刀切削深度"等与控制刀轨相关的参数。

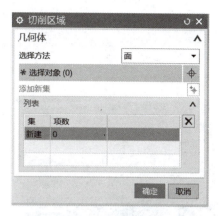
图 6-1-63 "切削区域"对话框

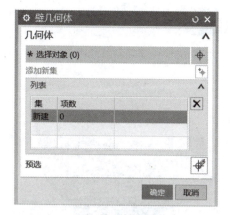
图 6-1-64 "壁几何体"对话框

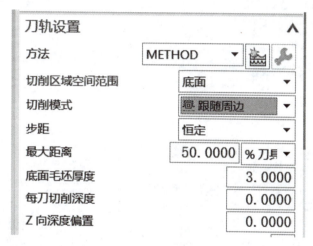
图 6-1-65 刀轨参数设置对话框

其与带边界铣不同的选项有以下几个:

(1) 切削区域空间范围: 有"底面"和"壁"两个选项, 用于设置底壁加工是用来铣削底面还是侧壁的。

(2) 底面毛坯厚度: 与面铣中的毛坯距离类似, 定义所选底面上面可切削的材料厚度。

(3) Z向深度偏置: 设置在此底面基础上的偏置值。

学有所思

(1) 请简述底壁铣和带边界面铣的异同点。

(2) 请说出各种切削模式的特点。

拓展训练

根据如图 6-1-66 和图 6-1-67 所示加工模型，编写加工程序。

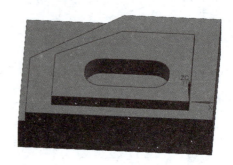

图 6-1-66　加工模型 1　　　　　图 6-1-67　加工模型 2

任务二　垫板模型的加工编程

学习目标

【技能目标】
1. 能正确完成平面铣的参数设置。
2. 能熟练利用平面铣操作完成平面零件的加工编程。
3. 掌握点位加工的基本操作。

【知识目标】
1. 理解平面铣和面铣的异同点。
2. 理解平面铣的边界含义。
3. 掌握平面铣的几何体设置。
4. 掌握点位加工的基本知识。

【态度目标】
1. 培养严谨踏实、实事求是的科学态度和作风。
2. 培养学生的动手能力、分析解决问题能力及创新能力。

垫板模型的
加工编程

工作任务

根据提供的垫板模型（见图 6-2-1），利用平面铣操作完成模型的加工编程。

任务实施

加工思路：分析垫板模型可知，该零件为平面类零件，由多个不同高度的平面和孔组成，各平面均垂直于刀轴且侧壁与平面垂直，采用平面铣进行粗加工，由面铣完成精加工。

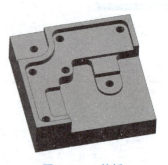

图 6-2-1　垫板

步骤1. 新建文件

进入 NX 12.0，在主菜单中选择"文件"→"打开"命令，打开"垫板\ch06\6-2.prt"文件，再选择"文件"→"另存为"命令，输入文件名"垫板模型"，创建新的模型文件。

步骤2. 加工环境初始化

在菜单栏中选择"应用模块"→"加工"命令，进入加工模块，系统弹出"加工环境"对话框，在"CAM 会话配置"选项组中选择"cam_general"，在"要创建的 CAM 设置"选项组中选择"mill_planar"，单击"确定"按钮，完成加工环境的初始化工作。

步骤3. 模型分析

1）测量模型大小

在主菜单中单击"分析"按钮，显示"分析"常用工具，选择"测量距离"按钮 ，弹出"测量距离"对话框，用鼠标左键分别选取模型上左、右两平面，即可测得模型长度为 152.4 mm，重复操作可测得模型宽度为 80 mm、总高度为 44.45 mm。

加工准备

2）测量圆角半径

在"测量距离"对话框中，将"类型"改为"半径"，鼠标左键选择圆角，可测得最小圆角半径为 $R6.35$ mm。

3）测量孔径大小

在"测量距离"对话框中，将"类型"改为"直径"，鼠标左键选择需要测量的孔，可测得各孔直径均为 $\phi10$ mm。

步骤4. 创建几何体

在工序导航器中单击鼠标右键，在弹出的快捷菜单中选择"几何视图"选项，导航器显示几何视图，如图 6-2-2（a）所示。

1）设置坐标系和安全高度

在操作导航器中双击坐标系"MCS MILL"，系统弹出"MCS 铣削"对话框，如图 6-2-2（b）所示，将 MCS 加工坐标系设置在工件表面中心位置，设置"安全距离"为 20 mm。单击"确定"按钮，完成坐标系和安全高度的设置，如图 6-2-2（c）所示。

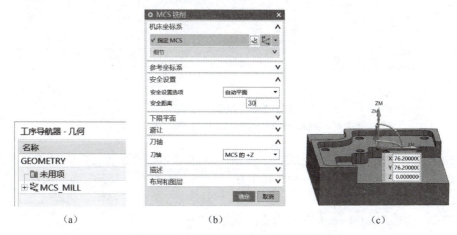

图 6-2-2 设置加工坐标系和安全高度

(a) 几何视图；(b) "MCS 铣削"对话框；(c) 加工坐标系

2）创建部件几何体

在"几何视图导航器"中单击"MCS MILL"前的"+"号，展开坐标系父系节点，双击其下的"WORKPIECE",弹出"工件"对话框,单击"指定部件"按钮,弹出"部件几何体"对话框,选取零件为部件几何体,如图6-2-3所示。

3)创建毛坯几何体

在"工件"对话框中单击"指定毛坯"按钮,弹出"毛坯几何体"对话框,在该对话框中选取"类型"为"包容块",如图6-2-4所示,单击"确定"按钮,完成毛坯几何体的创建。

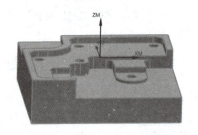 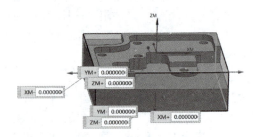

图6-2-3 创建部件几何体　　　　图6-2-4 创建毛坯几何体

步骤5. 创建刀具

在工具栏中单击"创建刀具"按钮,弹出"创建刀具"对话框,如图6-2-5(a)所示,选取"刀具子类型"为"mill",在"名称"选项组中输入"D20",单击"应用"按钮,系统弹出"铣刀-5参数"对话框,在"直径"右侧输入"20",单击"确定"按钮完成直径20 mm的平底铣刀创建,如图6-2-5(b)所示。重复刚才的步骤,创建直径为10 mm的平底刀"D10",如图6-2-5(c)所示。

 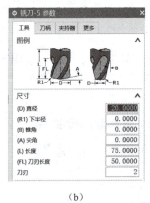 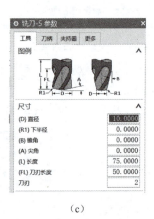

(a)　　　　　　　　(b)　　　　　　　　(c)

图6-2-5 创建平底刀具

(a)"创建刀具"对话框;(b)创建"D20"平底刀;(c)创建D10平底刀

在工具栏中单击"创建刀具"按钮,弹出"创建刀具"对话框,选取"刀具类型"为"hole_making","刀具子类型"为"STD DRILL",如图6-2-6(a)所示,在"名称"选项组中输入"ZD10",单击"应用"按钮,弹出"钻刀"对话框,在"直径"右侧输入"10",单击"确定"按钮,完成直径10 mm的钻头创建,如图6-2-6(b)所示。

步骤6. 创建程序和方法

1)创建程序

在工具栏中单击"创建程序"按钮,弹出"创建程序"对话框,选取"类型"为"mill_planar",在"名称"选项组中输入"垫板粗加工",单击"确定"按钮创建"垫板粗加工"程

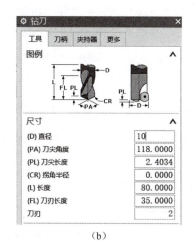

(a) (b)

图 6-2-6 创建钻头

(a)"创建刀具"对话框;(b) 钻头参数对话框

序,如图 6-2-7(a)所示。重复刚才步骤创建"垫板精加工"程序,再次在"工具"栏中单击"创建程序"按钮,弹出"创建程序"对话框,选取"类型"为"hole_making",在"名称"选项组中输入"孔系加工",单击"确定"按钮创建"孔系加工"程序,如图 6-2-7(b)所示。在工序导航器空白处右击,选择"程序顺序视图",显示创建的程序,如图 6-2-7(c)所示。

(a) (b) (c)

图 6-2-7 创建程序

(a) 创建平面加工程序;(b) 创建孔系加工程序;(c) 程序顺序视图

2)创建方法

在工具栏中单击"创建方法"按钮,弹出"创建方法"对话框,选取"类型"为"mill_planar","方法"为"MILL_ROUGH",在"名称"选项组中输入"粗加工",如图 6-2-8(a)所示,单击"应用"按钮,弹出"铣削方法"对话框,修改默认的加工方法组中的余量和公差参数,如图 6-2-8(b)所示。再用相同步骤创建精加工方法,设置精加工余量为 0。

步骤 7. 创建垫板模型粗加工工序

1)创建工序

在工具栏中单击"创建工序",弹出"创建工序"对话框,从"类型"列表中选择"mill_planar",在"工序子类型"组中选择"平面铣"(PLANAR_MILL),在"刀具"列表中选择"D20(铣刀-5 参数)",在"几何体"列表中选择

平面铣粗加工

"WORKPIECE",在"方法"列表中选择"粗加工",如图6-2-9(a)所示,完成设置。单击"确定"按钮,弹出"平面铣-[PLANAR_MILL]"对话框,如图6-2-9(b)所示。

图6-2-8 创建方法

(a)创建粗加工方法;(b)创建精加工方法

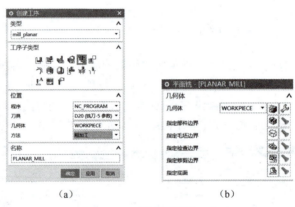

图6-2-9 创建平面铣工序

(a)"创建工序"对话框;(b)"平面铣-[PLANAR_MILL]"对话框

2)创建几何体

(1)指定部件边界。单击"指定部件边界"按钮,弹出"部件边界"对话框,从"选择方法"列表中选择"面",如图6-2-10(a)所示;从"刀具侧"列表中选择"内侧",如图6-2-10(b)所示;在图形窗口中,通过"添加新集"逐一选择零件的各个平面,如图6-2-10(c)所示。单击"确定"按钮,完成部件边界的创建,如图6-2-10(d)所示。

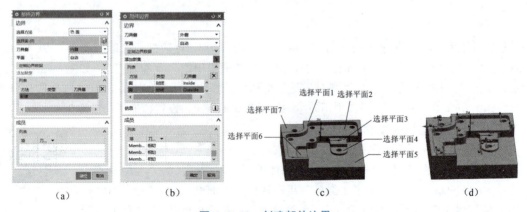

图6-2-10 创建部件边界

(a)"部件边界"对话框;(b)"刀具侧"设置;(c)选择面;(d)部件边界

（2）指定毛坯边界。单击"指定毛坯边界"按钮，弹出"毛坯边界"对话框，如图6-2-11（a）所示，从"选择方法"列表中选择"曲线"，"边界类型"选择"封闭"，"刀具侧"选择"内侧"，"平面"为"自动"，在图形窗口中，依次选择模型棱边，如图6-2-11（b）所示，单击"确定"按钮，完成毛坯边界的创建，如图6-2-11（c）所示。

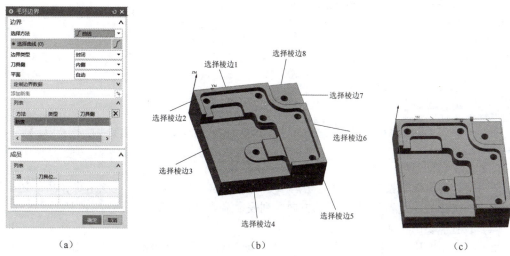

图 6-2-11 创建毛坯边界
（a）"毛坯边界"对话框；（b）选择棱边；（c）毛坯边界

（3）指定底面。单击"指定底面"按钮，弹出"平面"对话框。在图形窗口中，选择图6-2-10（c）所示的平面5作为底面，用于指定平面铣加工的最低高度，如图6-2-12所示。

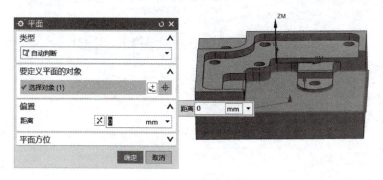

图 6-2-12 指定底面

3）设置刀轨

（1）设置切削模式。

单击"刀轨设置"按钮，弹出"刀轨设置"对话框，设置"切削模式"为"跟随周边"，"步距"为"%刀具直径"，"平面直径百分比"为"75"，如图6-2-13所示。

（2）设置切削层。

单击"切削层"按钮，弹出"切削层"对话框，如图6-2-14所示。从"类型"列表中选择"恒定"，在"公共"框中输入"1"，确保选中"临界深度顶面切削"复选框，单击"确定"按钮完成切削层的设置。

图 6-2-13　设置切削模式　　　　图 6-2-14　设置切削层

（3）设置切削参数。

单击"切削参数"按钮,弹出"切削参数"对话框,在"策略"选项卡中,从"切削顺序"列表中选择"层优先",从"刀路方向"列表中选择"向外",如图 6-2-15 所示。

（4）设置非切削移动。

单击"非切削移动"按钮,弹出"非切削移动"对话框,在该对话框中单击"进刀"选项卡,设置"进刀类型"为"沿形状斜进刀","斜坡角度"为"3°","高度"为"1 mm","最小斜面长度"为"70%刀具直径",如图 6-2-16（a）所示。单击"转移/快速"选项卡,设置"区域内"的"转移类型"为"前一平面",如图 6-2-16（b）所示。

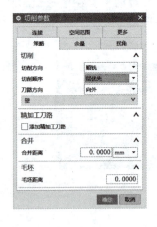
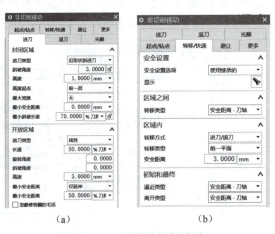

　　　　　　　　　　　　　　　　　　　　　（a）　　　　　　　　　　（b）

图 6-2-15　设置切削参数图　　　　图 6-2-16　设置非切削移动

（a）进刀设置；（b）转移类型设置

（5）设置进给率和速度。

单击"进给率和速度"按钮,弹出"进给率和速度"对话框,设置主轴速度和进给率,如图 6-2-17 所示。

（6）刀轨生成。

单击"生成"按钮,系统即计算刀位轨迹,结果如图 6-2-18 所示,单击"确认"按钮,完成刀轨的创建。

图 6-2-17　设置主轴速度和进给率

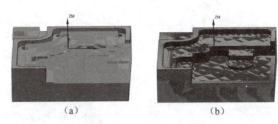

图 6-2-18　粗加工刀轨
（a）刀轨；（b）3D 仿真效果

步骤 8. 创建垫板模型精加工工序

1）垫板底面精加工

（1）创建工序。

在工具栏中单击"创建工序"按钮，弹出"创建工序"对话框，从"类型"列表中选择"mill_planar"，在"工序子类型"组中选择"带边界面铣"，在"刀具"列表中选择"D10（铣刀-5 参数）"，在"几何体"列表中选择"WORKPIECE"，在"方法"列表中选择"精加工"，如图 6-2-19 所示，完成设置。单击"确定"按钮，进入"面铣-[FACE_MILLING]"对话框，如图 6-2-20 所示。

图 6-2-19　"创建工序"对话框　　图 6-2-20　"面铣-[FACE_MILLING]"对话框

（2）设置几何体。

单击"指定部件边界"按钮，弹出"部件边界"对话框，如图 6-2-21 所示，从"选择方法"列表中选择"面"，从"刀具侧"列表中选择"内侧"，在图形窗口中通过"添加新集"逐一选择零件的各个平面，单击"确定"按钮，完成部件边界的创建，如图 6-2-22 所示。

（3）刀轨设置。

①设置切削模式。

单击"刀轨设置"按钮,弹出"刀轨设置"对话框,设置"切削模式"为"跟随周边","步距"为"%刀具直径","平面直径百分比"为"75",其他参数默认,如图6-2-23所示。

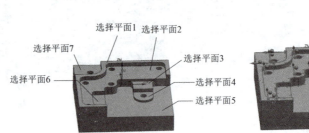

图 6-2-21　"部件边界"对话框　　　　　图 6-2-22　创建部件边界

图 6-2-23　"刀轨设置"对话框

②设置切削参数。

单击"切削参数"按钮,弹出"切削参数"对话框。在"策略"选项卡中,从"切削方向"列表中选择"顺铣",从"刀路方向"列表中选择"向内",其他参数默认,如图6-2-24所示。

③设置非切削移动。

单击"非切削移动"按钮,弹出"非切削移动"对话框,在该对话框中单击"进刀"选项卡,设置"进刀类型"为"沿形状斜进刀","斜坡角度"为"3°","高度"为"1 mm","最小斜面长度"为"70%刀具直径",如图6-2-25(a)所示。单击"转移/快速"选项卡,设置"区域内"的"转移类型"为"前一平面",如图6-2-25(b)所示。

④设置进给率和速度。

单击"进给率和速度"按钮,弹出"进给率和速度"对话框,设置主轴速度和进给率,如图6-2-26所示。

⑤生成刀轨。

单击"生成"按钮,系统即计算刀位轨迹,结果如图6-2-27所示,单击"确定"按钮,完成刀轨创建。

(a)   (b)

图 6-2-24 切削参数设置   图 6-2-25 设置非切削移动

(a) 设置进刀；(b) 设置转移类型

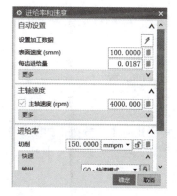

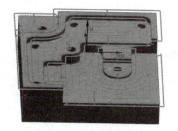

图 6-2-26 进给率和速度设置   图 6-2-27 垫板底部精加工刀轨

2）垫板侧壁精加工

（1）复制底面精加工刀轨。

（2）在"面铣"对话框中，将"切削模式"改为"轮廓加工"。

（3）设置毛坯距离：在"毛坯距离"框中输入"20"。

（4）设置每刀深度：在"每刀深度"框中输入"2"。

（5）设置部件余量：在"切削参数"对话框的"部件余量"框中输入"0"。

（6）生成刀轨：在"面铣"对话框中，单击"生成"按钮，系统开始计算并生成刀具轨迹，如图 6-2-28 所示。

步骤 9. 孔系加工

1）创建工序

在工具栏中单击"创建工序"按钮，弹出"创建工序"对话框，如图 6-2-29（a）所示，选择"类型"为"钻孔 hole_making"，"工序子类型"选

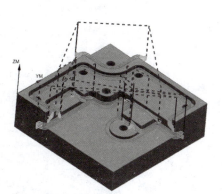

图 6-2-28 侧壁精加工刀轨

择"钻孔","程序"选择"孔系加工","刀具"选择"ZD10（钻刀）","几何体"选择"WORKPIECE"，在"方法"列表中选择"METHOD"，完成设置后，单击"确定"按钮，进入"钻孔-[DRILLING]"对话框，如图6-2-29（b）所示。

钻孔加工

（a） （b）

图6-2-29　创建钻孔工序

（a）"创建工序"对话框；（b）"钻孔-[DRILLING]"对话框

2）创建钻孔几何体

在"钻孔-[DRILLING]"对话框中单击"指定特征几何体"按钮，如图6-2-30（a）所示，进入"特征几何体"对话框，分别指定各孔位置，"深度限制"选择"通孔"，其他参数默认，如图6-2-30所示，完成钻孔几何体的设置。

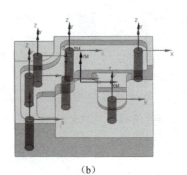

（a） （b）

图6-2-30　创建钻孔几何体

（a）"特征几何体"对话框；（b）指定孔的位置点

3）设置进给率和速度

单击"进给率和速度"按钮,设置进给率和速度,如图6-2-31所示,其他参数默认。

4）生成刀轨

单击"生成"按钮,系统开始计算并生成刀具轨迹,如图6-2-32所示。

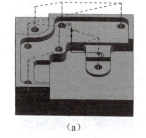

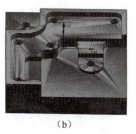

图6-2-31 设置进给率和速度

图6-2-32 钻孔刀轨
(a) 刀轨；(b) 3D仿真效果

如果要对工件进行整体3D仿真,可在工序导航器中选中所有工序后,在工具栏中单击"确认刀轨"按钮,如图6-2-33所示,直接弹出"刀轨可视化"对话框,则可进行整体的3D仿真。

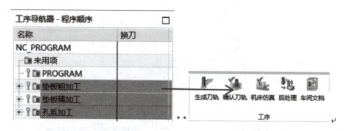

图6-2-33 整体刀轨确认

相关知识

一、平面铣加工

平面铣和面铣均可以完成平面铣削,是平面铣削常用的两大类型。平面铣适用于底面为平面且垂直于刀轴、侧壁为垂直面的工件,通常用于粗加工,也可以用于半精加工和精加工。如果零件侧壁是曲面或者是斜面,则不适宜用平面铣加工。平面铣是一种2.5轴加工方式,它在加工过程中首先进行水平方向的 X、Y 两轴联动,完成一层加工后再进行 Z 轴下切进入下一层,逐层完成零件加工,每一层刀轨称为一个切削层。

1. 平面铣和面铣的比较

1）相同点

（1）两者都是基于边界曲线来计算刀轨的。

（2）两者都属于平面二维刀轨,即在切削时只有 X、Y 轴联动（2.5轴联动）。

2）不同点

（1）平面铣是通过边界和底面的高度差来定义切削深度的；面铣的切削深度是参照定义平面的相对深度，所以只需要设置相对值即可定义切削深度。

（2）平面体选择毛坯体和检查体只能是边界；面铣可以选择实体、片体、边界。

（3）平面铣须定义底面；面铣选择的平面就是底面，不需要单独定义。

（4）平面铣适用于底面或顶面为平面，而侧壁垂直于底面的工件加工；面铣常用于多个平面在底面的精加工，也可用于粗加工以及侧壁的精加工，所加工的侧壁可以是倾斜的。

2. 平面铣

在工具栏中单击"创建工序"按钮，弹出"创建工序"对话框，"工序子类型"中包含了多种平面铣操作，如图6-2-34所示。各选项含义如下：

（1）平面铣：用平面边界定义切削区域，加工到底平面，一般用于侧壁垂直底平面。

（2）平面轮廓铣：使用轮廓切削模式来生成单刀路和沿部件边界走刀的多层刀路。

（3）清理拐角：对先前加工后剩余的拐角残料进行加工。

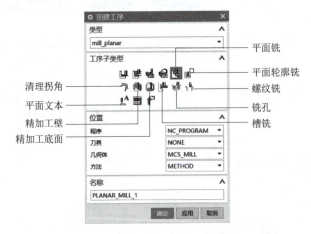

图 6-2-34 "创建工序"对话框

（4）精加工壁：使用轮廓切削模式来精加工壁，同时底面上的残料不予加工。

（5）精加工底面：使用"跟随部件"切削模式来精加工底面部分，同时侧壁残料不予加工。

（6）槽铣：使用T型刀切削单个线形槽。

（7）铣孔：使用"螺旋"切削模式来加工盲孔或通孔以及凸台。

（8）螺纹铣：使用螺纹铣刀铣削孔的内螺纹或凸台的外螺纹。

（9）平面文本：铣削平面上的文字，文字为制图文本。

平面铣操作种类比较多，但操作方式区别不大，下面主要介绍平面铣操作步骤。

3. 平面铣操作步骤

1）创建几何体

（1）指定部件边界。

在"平面铣工序"对话框中单击"   "按钮，进入"平面铣-[PLANAR_MILL_1]"对话框，如图6-2-35（a）所示。

"部件边界"用于描述被加工零件的几何对象，是刀轨生成的重要依据。平面铣通过边界来定义任意的切削区域和任意的切削深度，能完成较复杂的零件的加工。

单击"指定部件边界"按钮，弹出"部件边界"对话框，如图6-2-35（b）所示，有

"面""曲线""点"和"永久边界"四种指定部件边界的方式，各模式的含义如下：

①面：是默认模式，用于创建封闭的边界。所选的平面既指定了边界区域，也指定了边界平面。边界区域将控制刀具运动的范围，边界平面定义了部件的高度位置。

②曲线：可以创建封闭或开放的边界，如图 6-2-35（c）所示。

③点：在"点"模式下可以通过"点构造器"来定义点，系统在点与点之间以直线相连，形成一个开放或封闭的外形边界，如图 6-2-35（d）和图 6-2-35（e）所示。

④永久边界：在"永久边界"模式下可选择已有的永久边界作为平面加工的外形边界，如图 6-2-35（f）所示。

（a）

（b）

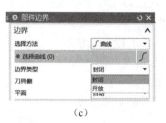
（c）

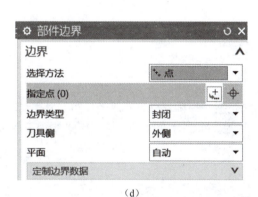
（d）

（e）

（f）

图 6-2-35　指定部件边界

（a）"平面铣-[PLANAR_MILL_1]"对话框；（b）"部件边界"对话框；
（c）"曲线"模式；（d）"点"模式；（e）点构造器；（f）"永久边界"模式

在"部件边界"对话框中,各项含义如下:

①刀具侧:是指加工中要保留的一侧。

②平面:用于指定边界所在的平面,有"自动"和"用户定义"两个选项,各选项含义如下:

a. 自动:指由系统指定边界平面,即所选曲线和边所在的平面。

b. 用户定义:指由用户指定边界平面,选择的曲线和边将投影到该平面。

③刀具位置:用于定义刀具与边界的位置关系,有"相切于"和"位于"两个选项。

(2) 指定毛坯边界。

"毛坯边界"用于描述将要切削的材料范围。"指定毛坯边界"的方法和"指定部件边界"的方法相似,但毛坯边界的"刀具侧"是指加工中要切削去除的一侧。

(3) 指定检查边界。

"检查边界"用于限制刀路避开所选切削区域,如夹具等,根据情况进行设置,也可在创建部件时设置。

(4) 指定修剪边界。

"修剪边界"用于修剪不必要的刀路。修剪刀路时要注意修剪侧的选择。"指定修剪边界"不是每次设置都是必需的,只有当刀路超出原本需要的范围时,才可以通过"指定修剪边界"来去除不需要的刀路。

(5) 指定底面。

"指定底面"用于指定平面铣加工的最低高度。

2) 刀轨设置

(1) 设置切削模式。

如图 6-2-36 所示,平面铣中的切削模式包括"跟随部件""跟随周边""摆线""轮廓""往复""单向""单向轮廓"和"标准驱动"等。除"标准驱动"切削模式外,其余切削模式和平面铣切削模式的含义相同。

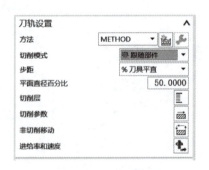

图 6-2-36 设置切削模式

"标准驱动"切削模式仅在平面铣中可用。与"轮廓加工"切削模式相似,"标准驱动"切削模式也是沿指定边界创建轮廓铣切削轨迹,但"标准驱动"切削模式不进行自动边界修剪或过切检查。

(2) 切削层。

在平面铣加工中,通常利用"切削层"选项设置分层加工时每层的切削高度。在平面铣中,刀具的切削从"毛坯边界"所在的平面开始,到"底面"所在的平面结束。如果"毛坯边界"平面和"底面"处于同一平面,则只生成单一深度的刀轨;如果"部件边界"平面高于"底面",加之切削深度选项的定义,就可以生成多层的刀轨,实现分层切削。如图6-2-37所示,切削层的"类型"有"用户定义""仅底面""底面及临界深度""临界深度"及"恒定"多种,一般默认为"恒定"。

图 6-2-37 设置切削层

二、孔加工

1. 孔加工基本知识

钻孔加工属于点位加工,是 UG CAM 中比较常用的刀轨,可以创建钻孔、攻螺纹、镗孔、铣孔等加工操作。

在工具栏中单击"创建工序"按钮,弹出"创建工序"对话框,"类型"选择"hole making",工序子类型较多,如图6-2-38所示,下面以"钻孔"为例介绍孔加工的基本操作。

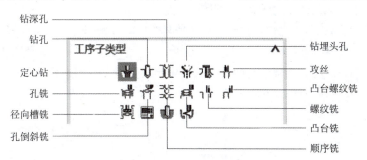

图 6-2-38 孔加工工序子类型

创建钻孔加工操作的一般步骤如下:
(1) 创建几何体以及刀具。
(2) 设置参数,如循环类型、进给率、进刀和退刀运动、部件表面等。
(3) 指定几何体,如选择点或孔、优化加工顺序、避让障碍等。
(4) 生成刀路轨迹及仿真加工。

2. 钻孔操作

1) 几何体设置

在"创建工序"对话框中单击"钻孔"按钮 ,弹出"钻孔-[DRILLING_1]"对话框,如图6-2-39(a)所示,其包含两个选项,即"几何体"和"指定特征几何体"。

(1) "几何体"是指定需加工的零件。

(2) "指定特征几何体"是指定需加工的孔的中心位置,以及孔的顶面、深度、底部余量等。单击"选择或编辑特征几何体"按钮 ,进入"特征几何体"对话框,如图6-2-39(b)

所示,单击" ⊕ "按钮,进入"点"对话框,可以通过坐标或其他方式确定孔的中心位置。

图 6-2-39 设置钻孔几何体
(a)"钻孔-[DRILLING_1]"对话框;(b)"特征几何体"对话框;(c)"点"对话框

2) 刀轨设置

"刀轨设置"主要用于设置"运动输出""循环""切削参数""非切削参数""进给率和速度"等,如图 6-2-40 所示。

(1) 循环设置。

钻孔循环描述了执行点到点加工功能(如钻孔、攻丝或镗孔)所必需的机床运动。在"钻"列表的循环类型组中,有14种循环类型,如图 6-2-41 (a) 所示。其中"钻"与"钻,深孔"两种类型应用较多,其他循环类型都与之相似。

"钻"循环类型将在每个点位执行一个钻循环,产生的刀轨将一次性将孔加工到指定的深度位置,故该循环类型不适宜于深孔加工。单击" ⚙ "按钮,弹出"循环参数"对话框,如图 6-2-41 (b) 所示,可指定停留时间等参数,用于设置当刀具到达指定深度时刀具的停留时间,使得刀具空转,以保证孔的表面质量。

图 6-2-40 "刀轨设置"对话框　　图 6-2-41 孔循环设置
(a) 孔循环类型;(b) 循环参数设置

(2) 切削参数设置。

"切削参数"主要用来设置孔加工余量、顶偏置及底偏置距离,如图 6-2-42 所示。

① "顶偏置"用来设置钻孔时孔顶表面偏置的距离。

② "底偏置"用来设置钻孔时孔底表面偏置的距离,在钻通孔时,用以保证刀具穿出底面。

3) 非切削移动参数设置

"非切削移动"主要用来设置"退刀""转移/快速""避让"等,如图 6-2-43 所示。

图 6-2-42 "切削参数"对话框　　图 6-2-43 "非切削移动"对话框

（1）转移/快速设置。

"转移/快速"主要进行安全设置及转移类型、逼近类型和离开类型等的设置，如图 6-2-44 所示。

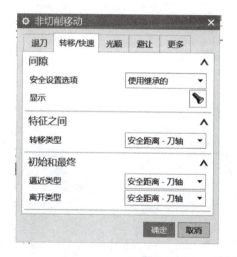

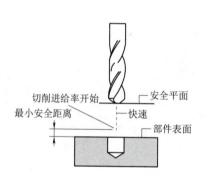

图 6-2-44 "转移/快速"设置

①"安全设置选项"用于设置钻孔的安全平面，有 9 个选项，即"使用继承的""无""自动平面""平面""点""包容圆柱体""圆柱""球""包容块"，其中使用最多的是"使用继承的"，即使用事先设定的安全平面。

②"转移类型"用于设置钻多个孔时刀具从一个孔到另一个孔的移动方式，有 5 个选项，即"安全距离-刀轴""安全距离-最短距离""安全距离-切削平面""直接""Z 向最低安全距离"。

③"逼近类型"指孔加工时刀具移动速度由快进转为工进的位置，有 6 个选项，即"安全距离-刀轴""安全距离-最短距离""安全距离-切削平面""相对平面""毛坯平面""无"。

④"离开类型"无"毛坯平面"选项，其余和"逼近类型"相同。

（2）退刀设置。

"退刀"主要设置退刀距离，有"最小安全距离"和"无"两个选项，如图 6-2-45 所示。

4）进给率和速度设置

"进给率和速度"用于设置循环钻削时的进给率和单位，如图 6-2-46 所示。

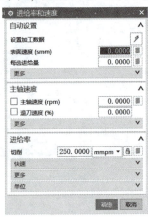

图 6-2-45 "退刀"设置　　　图 6-2-46 "进给率和速度"设置

学有所思

（1）简述平面铣和面铣的不同点。

（2）简述平面铣的边界特点和创建方式。

拓展训练

根据图 6-2-47 和图 6-2-48 所示加工模型，编写加工程序。

图 6-2-47 加工模型 1　　　图 6-2-48 加工模型 2

项目七 塑料瓶模具和电极的加工编程

任务一 塑料瓶模具的加工编程

学习目标

【技能目标】
1. 会设置加工工艺参数。
2. 熟悉优化加工刀具路径。

【知识目标】
1. 了解型腔铣的基本概念和基本步骤。
2. 了解型腔铣几何体的类型及其创建方法。
3. 了解型腔铣操作中的切削层。
4. 了解型腔铣操作中的切削参数和非切削移动参数的设置。
5. 理解固定轴曲面轮廓铣的原理。
6. 掌握固定轴曲面轮廓铣的驱动方法。
7. 掌握固定轴曲面轮廓铣的切削模式。
8. 掌握型腔铣、固定轮廓铣操作中的进给率和速度设置。

【态度目标】
1. 保持好奇心,对新知识学习充满热情。
2. 培养责任意识,养成新时代工匠精神。

工作任务

本任务以塑料瓶模具(见图 7-1-1,材料:P20 模具钢)为例,学习型腔铣与固定轴曲面轮廓铣的特点和应用,理解"切削模式""步距""每刀切削深度""切削参数""非切削移动""进给率和速度"等加工参数的含义,掌握几何体、刀具、方法和工序的创建与编辑,掌握刀轨可视化仿真操作,从而能够应用型腔铣和固定轴曲面轮廓铣完成曲面零件的编程。

图 7-1-1 塑料瓶模具

任务实施

一、打开文件另存

步骤 1. 打开文件

打开"产品三维造型设计与制造/项目七"文件夹中的"塑料瓶模具.prt"文件。

步骤 2. 另存文件

另存文件名称为"塑料瓶模具_NC.prt"。

二、模型分析

模型分析工作可以通过"分析"菜单中的命令完成,如"测量距离""几何属性"和"NC助理"命令等。

步骤 1. 分析模型大小

分析模型大小主要是分析模型的大小尺寸和加工深度,根据模型尺寸大小,用户可以判断大概用多大直径的刀具。而根据测量加工深度的值,用户可以判断用多长的刀,并能根据深度值的不同合理安排刀轨。

1)测量模型尺寸

在菜单栏中选择"分析"→"测量距离"命令,系统会弹出如图 7-1-2 所示的"测量距离"对话框,用鼠标左键选取模型上的两点,即可得到两点间的直线距离,如图 7-1-3 所示,模型长度为 240 mm。

图 7-1-2 "测量距离"对话框

图 7-1-3 测量结果

2)测量加工深度

在菜单栏中选择"分析"→"测量点"命令,系统会弹出如图 7-1-4 所示的"测量点"对话框,用鼠标左键选取模型上表面上的点,即可得到该点的坐标(X22.692 2,Y-0.762 9,Z-21.740 6),如图 7-1-5 所示,即得到当前测量点到模型上表面的高度值为 21.740 6 mm。

图 7-1-4 "测量点"对话框

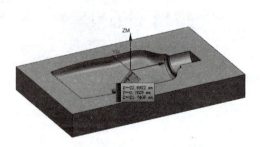
图 7-1-5 测量结果

步骤 2. 分析模型最小圆角半径

在菜单栏中选择"分析"→"最小半径"命令，系统会弹出"最小半径"对话框，选择模型型腔内表面，系统会弹出"信息"对话框，在其中的"最小半径值"下可以看到圆角的最小半径值为 3 mm，如图 7-1-6 所示。

图 7-1-6　最小圆角半径

三、塑料瓶模具开粗

步骤 1. 进入初始化加工环境

1）切换应用模块进入加工环境

单击功能区"应用模块"选项卡，进入"应用模块"面板，在"应用模块"面板中选择"加工"按钮，系统即弹出"加工环境"对话框，操作步骤如图 7-1-7 所示；或者使用"Ctrl"+"Alt"+"M"组合键进入加工模块，弹出"加工环境"对话框，在"加工环境"对话框中选择"cam_general"和"mill_contour"，如图 7-1-8 所示。

图 7-1-7　切换应用模块

图 7-1-8　"加工环境"对话框

2) 进入加工应用模块

单击"确定"按钮,系统开始加工环境的初始化,之后进入加工应用模块,并显示加工界面,如图7-1-9所示。

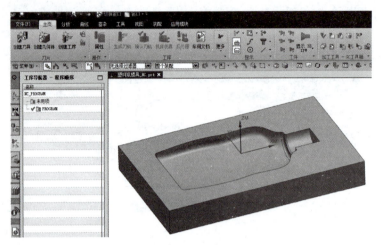

图 7-1-9　加工界面

步骤 2. 创建几何体

系统默认已经创建好机床坐标系和几何体模板,需要进行设置。

1) 设置机床坐标系和安全平面

(1) 打开"MCS 铣削"对话框。在导航器工具条上单击"几何视图"按钮 ,在侧边导航条单击"工序导航器"工具 ,右击 MCS_MILL,然后选择"编辑"选项,或双击 MCS_MILL,弹出"MCS 铣削"对话框,如图7-1-10所示。

(2) 设置机床坐标系(MCS)。在弹出"MCS 铣削"对话框后,系统在部件绝对坐标系的位置创建了一个机床坐标系,单击"坐标系"图标 可以调整坐标系原点的位置和方向,这里采用默认位置,即在工件上表面中心位置。

(3) 设置安全平面。在"MCS 铣削"对话框的"安全设置"组,从"安全设置选项"列表中选择"平面",在图形窗口中选择塑料瓶模具的上表面,在"距离"框中输入"20",即在距离模腔上表面20 mm的位置创建安全平面,如图7-1-11所示。最后单击"确定"按钮,接受设置并关闭"MCS 铣削"对话框,完成机床坐标系与安全平面的设置。

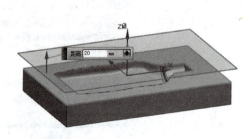

图 7-1-10　"MCS 铣削"对话框　　图 7-1-11　机床坐标系与安全平面

2）指定铣削几何体

（1）打开"铣削几何体"对话框。在"工序导航器"的几何视图中单击坐标系 前的"+"号，展开坐标系父节点，双击其下的"WORKPIECE"或右击"WORKPIECE"，选择"编辑"选项，打开"铣削几何体"对话框，如图7-1-12所示。

（2）指定部件。单击"指定部件"按钮，系统弹出"部件几何体"对话框，如图7-1-13所示，选取塑料瓶模具为部件几何体，单击"确定"按钮，完成部件的设置，并且返回到"铣削几何体"对话框。

（3）指定毛坯。单击"指定毛坯"按钮，弹出"毛坯几何体"对话框，从"类型"列表中选择"包容块"创建毛坯，各方向限制均为0，如图7-1-14所示。

（4）完成设置。在"铣削几何体"对话框中单击"确定"按钮，接受设置并关闭"铣削几何体"对话框，完成加工几何体的设置。

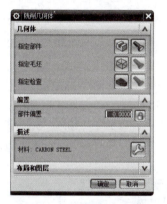

图7-1-12 "铣削几何体"对话框

图7-1-13 "部件几何体"对话框

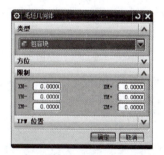

图7-1-14 "毛坯几何体"对话框

步骤3. 创建加工方法

在导航器工具条上单击"加工方法视图"按钮，再单击"工序导航器"工具，切换至"加工方法"视图，显示系统默认的加工方法，如图7-1-15所示。用户可以直接利用默认的加工方法和其中的参数，或者修改默认的加工方法中的参数，也可以创建新的加工方法。现在使用默认的加工方法，修改其参数，操作步骤如下。

1）设置MILL_ROUGH（粗加工）方法

双击"MILL_ROUGH"或右击"MILL_ROUGH"，选择"编辑"选项，弹出"铣削方法"对话框，如图7-1-16所示，在"部件余量"框中输入"0.35"，在"内公差"框中输入"0.03"，在"外公差"框中输入"0.05"，其余参数均接受默认值，单击"确定"按钮关闭"铣削方法"对话框，完成粗加工方法的设置。

2）设置MILL_SEMI_FINISH（半精加工）、MILL_FINISH（精加工）方法

按照以上步骤设置半精加工、精加工方法的余量和公差参数，在"半精加工"的"部件余量"框中输入"0.15"，在"内公差"框中输入"0.03"，在"外公差"框中输入"0.03"；在"精加工"的"部件余量"框中输入"0"，在"内公差"框中输入"0.01"，在"外公差"框中输入"0.01"。

步骤4. 创建刀具

根据前面对零件的分析，确定粗加工选择直径为$\phi 20$ mm、底角半径为$R1$ mm的面铣刀。

图 7-1-15 加工方法视图

图 7-1-16 "铣削方法"对话框

1) 设置刀具类型

在"刀片"工具条单击"创建刀具"按钮,弹出"创建刀具"对话框,如图 7-1-17 所示,"类型"组选择"mill_contour","刀具子类型"组中选择"MILL" ,"位置"组接受默认的"CENERIC_MACHING",在"名称"框中输入"T1D20R1"。

2) 设置刀具参数

单击"确定"按钮,弹出"铣刀-5 参数"对话框,如图 7-1-18 所示,在"尺寸"选项组中,设置"直径"为"20","下半径"为"1";在"编号"组中,各参数框中均输入"1";其余参数均接受默认值。单击"确定"按钮接受设置并关闭"铣刀-5 参数"对话框,完成粗加工刀具的创建。

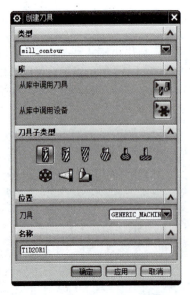

图 7-1-17 "创建刀具"对话框

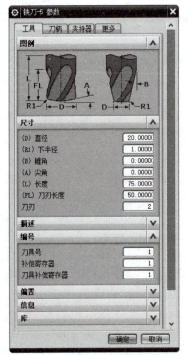

图 7-1-18 "铣刀-5 参数"对话框

步骤 5. 创建型腔铣

1）创建型腔铣

在"刀片"工具条单击"创建工序"按钮,弹出"创建工序"对话框,如图 7-1-19 所示,在该对话框中:"类型"→"mill_contour";"工序子类型"→"型腔铣";"位置"组中"程序"→"PROGRAM","刀具"→"T1D20R1(铣刀-5 参数)","几何体"→"WORKPIECE","方法"→"MILL_ROUGH";"名称"→默认或输入"开粗"。单击"应用"按钮,完成工序参数的设置,系统弹出"型腔铣-[开粗]"对话框,如图 7-1-20 所示。

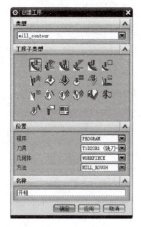
图 7-1-19 创建型腔铣

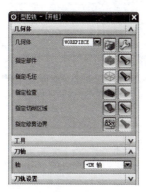

图 7-1-20 "型腔铣-[开粗]"对话框

2）指定切削区域

在"型腔铣-[开粗]"对话框中单击"指定切削区域"按钮,系统弹出"切削区域"对话框,选取要加工的曲面,如图 7-1-21 所示,如果不选取,"切削区域"系统会将毛坯和部件相减的区域计算出导轨,这里也可以不进行指定。

3）设置切削模式

在"型腔铣-[开粗]"对话框"刀轨设置"组中,"切削模式"→"跟随部件","步距"→"%刀具平直","平面直径百分比"→"60","公共每刀切削深度"→"恒定","最大距离"→"0.5"。

图 7-1-21 指定切削区域

4）设置切削参数

在"刀轨设置"组中,单击"切削参数"按钮,弹出"切削参数"对话框。

(1) 在"切削参数"对话框中,单击"策略"选项卡,设置"切削方向"→顺铣,"切削顺序"→"层优先",其余按默认值,如图 7-1-22 所示。

在"切削参数"对话框中,单击"连接"选项卡,设置"区域排序"→"优化","开放刀路"→"变换切削方向",其余参数按默认,参数设置如图 7-1-23 所示。

(2) 在"切削参数"对话框中,单击"余量"选项卡,设置"余量"→勾选"使底面余量与侧面余量一致","部件底面余量"→"0.35","内公差"→"0.03","外公差"→"0.05",其余值按默认值,单击"确定"按钮,完成余量设置,如图 7-1-24 所示。

(3)切削参数其余选项接受默认。

5)设置非切削移动参数

在"刀轨设置"组中,单击"非切削移动"按钮 ,弹出"非切削移动"对话框。

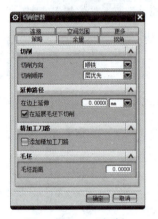

图 7-1-22 "切削参数"—"策略"

图 7-1-23 "切削参数"—"连接"

图 7-1-24 "切削参数"—"余量"

(1)单击"进刀"选项卡,参数设置如图 7-1-25 所示。设置"封闭区域"的"进刀类型"→"螺旋","直径"→"70%","斜坡角度"→"3°","高度"→"2 mm","最小斜坡长度"→"60%",其余参数按默认值。

(2)单击"退刀"选项卡,默认"退刀类型"与进刀相同。

(3)设置转移/快速参数。"安全设置"接受默认的"使用继承的",即使用在"MCS_MILL"中指定的安全平面作为快速移动的平面位置;"区域之间"接受默认的"安全距离-刀轴";"区域内"的"转移方式"接受默认的"进刀/退刀","转移类型"→"前一平面","安全距离"→"3 mm",如图 7-1-26 所示。

(4)非切削移动参数的其余选项卡接受默认值。

图 7-1-25 "非切削移动"—"进刀"

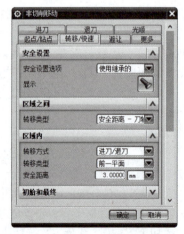

图 7-1-26 "非切削移动"—"转移/快速"

6)设置进给率和速度

在"型腔铣"参数对话框中单击"进给率和速度"按钮,系统弹出"进给率和速度"对话框,设置"主轴速度"为"3 000",单击其后的"计算"按钮 ;"进给率"中"切削"→"1 500",单击其后的"计算"按钮 ,如图 7-1-27 所示。展开"更多",设置"逼近"→快速,"进刀"→"500","第一刀切削"→"500","步进"→"500","退刀"→"500",如图 7-1-28 所示。单击"确定"按钮,完成主轴速度和进给率的设置。

图 7-1-27 "进给率和速度"对话框

图 7-1-28 "进给率和速度"—"更多"

7)生成刀轨

在"型腔铣"对话框的"操作"组中,单击"生成"按钮 ,系统开始计算并生成刀具轨迹,如图 7-1-29 所示。单击"确认"按钮 ,弹出"刀轨可视化"对话框,如图 7-1-30 所示,单击"3D 动态"按钮,调节动画速度,再单击"播放"按钮 ,进行仿真,仿真后结果如图 7-1-31 所示。

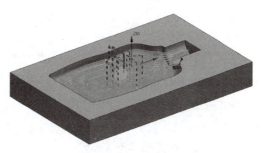

图 7-1-29 开粗刀具轨迹

图 7-1-30 "刀轨可视化"对话框

图 7-1-31 开粗 3D 仿真结果

四、塑料瓶模具二次粗加工

步骤 1. 复制刀轨

1）复制刀具轨迹

在"工序导航器—程序顺序"视图中,右击粗加工刀轨"开粗",选择"复制"选项,再右击粗加工"开粗",选择"粘贴"选项,复制出新刀轨"开粗_COPY",如图7-1-32所示。

2）重命名新刀具轨迹

右击上一步复制的刀具轨迹,选择"重命名",输入"二次开粗",完成刀具轨迹的重命名,如图7-1-33所示。

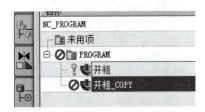
图 7-1-32　复制、粘贴刀轨

图 7-1-33　重命名刀轨

步骤 2. 修改加工参数

双击"二次开粗"刀路,弹出"型腔铣"对话框,按照以下的步骤修改加工参数:

1）新建刀具

在"型腔铣-[二次开粗]"对话框中单击"工具"组右侧的展开按钮 ,展开"工具"选项卡,单击"新建刀具"按钮,创建一把"类型"为"mill_contour","刀具子类型"为 "MILL","名称"为"T2D10R0.5","直径"为"10","下半径"为"0.5"的平底铣刀,如图7-1-34所示。

2）刀轨设置（见图7-1-35）

（1）在"刀轨设置"组的"方法"列表中,选择"MILL_SEMI_FINISH"。

（2）设置步距。在"步距"列表中默认"%刀具平直","平直直径百分比"默认为"60"。

（3）设置每刀深度。在"公共每刀切削深度"列表中选择"恒定",在"最大距离"框中输入"0.25"。

（4）修改切削参数。单击"切削参数"按钮,弹出"切削参数"对话框,在"策略"选项卡中选择"切削顺序"→"深度优先";单击"空间范围"选项卡,在"毛坯"组中选择"过程工件"→"使用基于层的",其余参数按默认值。

（5）修改进给率和速度。"主轴速度"→"3500","进给率"→"1500"。

步骤 3. 生成刀轨

其他参数保持不变。在"操作"组中,单击"生成"按钮,生成刀具轨迹,如图7-1-36所示。单击"确认"按钮,可进行3D动态加工仿真,仿真结果如图7-1-37所示。

图 7-1-34 创建二次开粗刀具

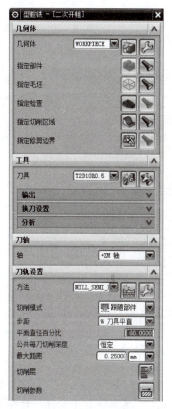

图 7-1-35 刀轨设置

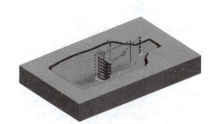

图 7-1-36 二次开粗刀路

图 7-1-37 二次开粗 3D 仿真结果

五、塑料瓶模具精加工

步骤 1. 创建固定轮廓铣工序

（1）在"刀片"工具条上单击"创建工序"按钮，弹出"创建工序"对话框，如图 7-1-38 所示，"类型"选择"mill_contour"，"工序子类型"选择"固定轮廓铣"，"位置"组中"程序"选择"PROGRAM"，"刀具"选择"NONE"，"几何体"选择"WORKPIECE"，"方法"选择"MILL_FINISH"，"名称"框输入"精加工"，单击"应用"按钮，完成工序参数的设置，系统弹出"固定轮廓铣-[FIXED_CONTOUR]"对话框，如图 7-1-39 所示。

塑料瓶模具精加工

（2）指定切削区域。在"固定轮廓铣-精加工"对话框中，单击"指定切削区域"按钮，系统弹出"切削区域"对话框，选取要精加工的所有曲面。

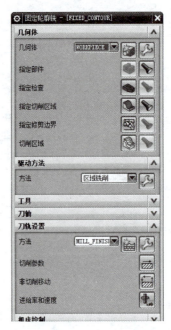

图 7-1-38　创建固定轮廓铣　　图 7-1-39　"固定轮廓铣-[FIXED_CONTOUR]"对话框

步骤 2. 新建刀具

在"固定轮廓铣-[FIXED_CONTOUR]"对话框中,单击"工具"组右侧的展开按钮,展开"工具"选项卡,单击"新建刀具"按钮,创建一把"类型"为"mill_contour","刀具子类型"为"MILL","名称"为"T3D8R4","直径"为"8"的球头铣刀,如图 7-1-40 所示。

步骤 3. 选择驱动方法并设置"区域铣削驱动方法"参数

在"固定轮廓铣-[FIXED_CONTOUR]"对话框的"驱动方法"组中,从"方法"列表中选择"区域铣削",在弹出的"驱动方法"提示框中单击"确定"按钮,弹出"区域铣削驱动方法"对话框,如图 7-1-41 所示。

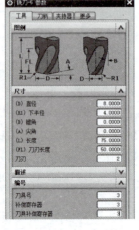

图 7-1-40　创建 ϕ8 mm 球刀　　　　图 7-1-41　"区域铣削驱动方法"对话框

(1) 设置陡峭空间范围。"方法"→"无","重叠区域"→"无"。

(2) 非陡峭切削。"非陡峭切削模式"→"往复","切削方向"→"顺铣","步距"→"残余高度","最大残余高度"→"0.01","步距已应用"→"在部件上","切削角"→"指定","与XC的夹角"→"90"。

(3) 陡峭切削。陡峭切削参数采用默认值。

(4) 单击"确认"按钮,退出"区域铣削驱动方法"对话框,返回"固定轮廓铣-[FIXED_CONTOUR]"对话框。

步骤 4. 刀轨设置

(1) 设置切削方法。展开"刀轨设置"组→"方法"→"MILL_FINISH"。

(2) 设置切削参数。单击"切削参数"按钮,弹出"切削参数"对话框,如图7-1-42所示,单击"策略"选项,"切削方向"→"顺铣",其余各选项保持默认。

(3) 设置"进给率和速度"。单击"进给率和速度"图标,弹出"进给率和速度"对话框,如图7-1-43所示,设置"主轴速度"→"6 000",单击其后的"计算"按钮;"进给率"→"切削"→"1 200",单击其后的"计算"按钮。最后单击"确定"按钮返回"固定轮廓铣"对话框。

图 7-1-42　"切削参数"对话框　　图 7-1-43　"进给率和速度"对话框

步骤 5. 生成刀轨

其他参数保持不变。在"操作"组中,单击"生成"按钮,生成刀具轨迹,如图7-1-44所示。单击"确认"按钮,可进行3D动态加工仿真,仿真结果如图7-1-45所示。

图 7-1-44　刀具轨迹　　　　　　图 7-1-45　仿真加工结果

六、塑料瓶模具清角加工

步骤 1. 创建固定轮廓铣工序

(1) 在"刀片"工具条上单击"创建工序"按钮 ，弹出"创建工序"对话框，如图 7-1-46 所示，"类型"→"mill_contour"；"工序子类型"→"固定轮廓铣" ；"位置"选项组中"程序"→"PROGRAM"，"刀具"→"NONE"，"几何体"→"WORKPIECE"，"方法"→"MILL_FINISH"；"名称"→"精加工"。单击"应用"按钮，完成工序参数的设置，系统弹出"固定轮廓铣-[清角加工]"对话框，如图 7-1-47 所示。

图 7-1-46 创建固定轮廓铣

图 7-1-47 "固定轮廓铣-[清角加工]"对话框

(2) 指定切削区域。在"固定轮廓铣-[清角加工]"对话框中单击"指定切削区域"按钮，系统弹出"切削区域"对话框，选取型腔所有曲面。

步骤 2. 新建刀具

在"固定轮廓铣-[清角加工]"对话框中，单击"工具"组右侧的展开按钮 ，展开"工具"组，单击"新建刀具"按钮 ，创建一把"类型"为"mill_contour"，"刀具子类型"为"MILL" ，"名称"为"T4D5R2.5"，"直径"为"5"的球头铣刀，如图 7-1-48 所示。

步骤 3. 选择驱动方法并设置"清根"参数

在"固定轮廓铣-[清角加工]"对话框的"驱动方法"组，从"方法"列表中选择"清根"，在弹出的"清根驱动方法"对话框中设置"清根"参数，如图 7-1-49 所示。

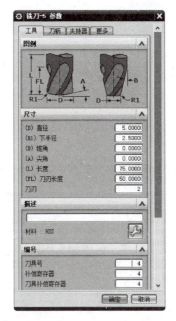

图 7-1-48　创建 φ5 mm 球刀　　　　　图 7-1-49　"清根驱动方法"对话框

（1）在"驱动几何体"选项组中，"最大凹角"默认，"最小切削长度"→"1"，"合并距离"→"3"。

（2）"驱动设置"→"清根类型"→"参考刀具偏置"。

（3）在"非陡峭切削"选项组中，"非陡峭切削模式"→"往复"，"步距"→"0.3"，"顺序"→"由内向外"。

（4）在"参考刀具"选项组中，选择"T3D8R4（铣刀）"，"重叠距离"为"1"。

其余参数按默认，单击"确定"按钮，返回"固定轮廓铣"对话框。

步骤 4. 设置"进给率和速度"

单击"进给率和速度"图标，弹出"进给率和速度"对话框，"主轴速度"→"8000"，单击其后的"计算"按钮；"进给率"→"切削"→"1 000"，单击其后的"计算"按钮。最后单击"确定"按钮返回"固定轮廓铣"对话框。

步骤 5. 生成刀轨

保持切削参数和非切削移动参数不变。在"操作"组中，单击"生成"按钮，生成刀具轨迹，如图 7-1-50 所示。单击"确认"按钮，可进行 3D 动态加工仿真，仿真结果如图 7-1-51 所示。

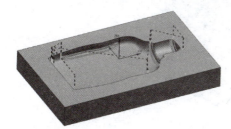

图 7-1-50　刀具轨迹　　　　　　　　图 7-1-51　仿真加工结果

相关知识

学有所思

（1）型腔铣内型腔，采用"往复"切削模式，如果在侧壁出现较多残料，则应如何优化刀路，以减少残料？

（2）型腔铣可以采用什么方式来定义部件几何体和毛坯几何体？

拓展训练

（1）打开"产品三维造型设计与制造/项目七"文件夹中的模具型腔文件"图 7-1-52.prt"，加工如图 7-1-52 所示零件，材料为 45 钢。

图 7-1-52　加工模型 1

（2）打开"产品三维造型设计与制造/项目七"文件夹中的模具型腔文件"图 7-1-53.prt"，加工如图 7-1-53 所示零件，材料为 45 钢。

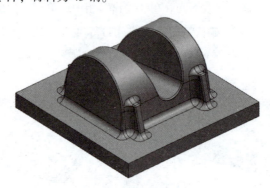

图 7-1-53　加工模型 2

任务二　电极的加工编程

学习目标

【技能目标】
1. 会设置加工工艺参数。
2. 熟悉优化加工刀具路径。

【知识目标】
1. 掌握腔铣操作的基本步骤。
2. 掌握深度轮廓铣陡角空间范围的含义和用法。
3. 掌握剩余铣的操作方式。
4. 掌握 IPW 毛坯的含义和操作。
5. 掌握平面文字和曲面文字加工的方法。
6. 掌握清角加工操作的基本步骤。

【态度目标】
1. 保持好奇心，对新知识学习充满热情。
2. 培养责任意识，养成新时代工匠精神。

工作任务

本任务以电极模型（见图 7-2-1，材料为紫铜）为例，学习深度轮廓铣、固定轮廓铣的应用和参数的设置，从而能够应用深度轮廓铣完成曲面零件陡峭区域和固定轮廓铣完成曲面零件平坦区域的精加工编程。

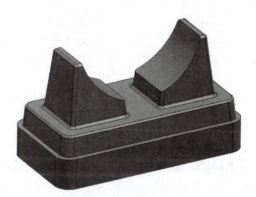

图 7-2-1　电极模型

任务实施

相关知识

学有所思

(1)"陡角空间范围"主要用于设置什么？包括哪两个选项？

(2)"切削顺序"主要有哪两个选项？

(3)"延伸刀轨"选项组主要用来设置刀具在什么时的刀轨？

(4)"步距已应用"控制方式有哪两种？

(5)文字加工零件表面的文字并不需要做出真实的文字效果（比如文字凹槽），在加工时应能识别的文字是其什么文字？添加文字时必须进入哪个模块？

拓展训练

(1)打开"产品三维造型设计与制造/项目七"文件夹中的模具型腔文件"图7-2-2.prt"，采用固定轮廓铣精加工如图7-2-2所示零件。

图 7-2-2　加工模型 1

（2）打开"产品三维造型设计与制造/项目七"文件夹中的模具型腔文件"图7-2-3.prt"，加工如图7-2-3所示零件，材料为45钢。

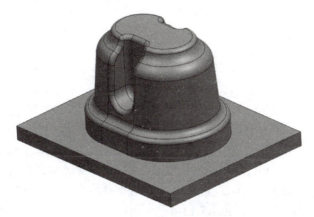

图7-2-3　加工模型2

参 考 文 献

［1］冯伟. 产品三维造型设计（UG NX 12.0）［M］. 北京：北京理工大学出版社，2022.

［2］钟日铭. UG NX 12.0完全自学手册［M］. 北京：机械工业出版社，2018.

［3］金大伟，张春华. UG NX 12.0完全实战技术手册［M］. 北京：清华大学出版社，2018.

［4］郑贞平，张小红. UG NX 12.0三维设计实例教程［M］. 北京：机械工业出版社，2021.

［5］郭晓霞，周建安，洪建明等. UG NX 12.0全实例教程［M］. 北京：机械工业出版社，2023.

［6］刘军华，张侠，徐波. UG NX 12.0机械产品设计实例教程［M］. 北京：机械工业出版社，2023.

［7］赵文秀，李杨. UG NX 12.0实例基础教程［M］. 北京：机械工业出版社，2023.

［8］李海波，刘让贤，魏道德. UG NX 12.0产品设计基础教程［M］. 北京：机械工业出版社，2023.

［9］江健. UG NX 12.0实例教程［M］. 北京：机械工业出版社，2023.

［10］贺建群. UG NX 12.0数控加工典型实例程［M］. 北京：机械工业出版社，2018.

［11］史立峰. CAD/CAM应用技术——UG NX项目教程［M］. 北京：化学工业出版社，2020.

［12］王卫兵. UG NX 10数控编程学习教程［M］. 北京：机械工业出版社，2019.

［13］丁源. UG NX 9.0中文版数控加工从入门到精通［M］. 北京：清华大学出版社，2015.